DESAMORDAÇANDO ANASTÁCIA
UM ESTUDO SOBRE A PRODUÇÃO PSICANALÍTICA RELATIVA AO RACISMO NO BRASIL

Editora Appris Ltda.
1.ª Edição - Copyright© 2024 da autora
Direitos de Edição Reservados à Editora Appris Ltda.

Nenhuma parte desta obra poderá ser utilizada indevidamente, sem estar de acordo com a Lei nº 9.610/98. Se incorreções forem encontradas, serão de exclusiva responsabilidade de seus organizadores. Foi realizado o Depósito Legal na Fundação Biblioteca Nacional, de acordo com as Leis nºs 10.994, de 14/12/2004, e 12.192, de 14/01/2010.

Catalogação na Fonte
Elaborado por: Josefina A. S. Guedes
Bibliotecária CRB 9/870

M528d
2024
	Melo, Anna Carolina Fonseca de
	   Desamordaçando Anastácia: um estudo sobre a produção psicanalítica relativa ao racismo no Brasil / Anna Carolina Fonseca de Melo. – 1. ed. – Curitiba: Appris, 2024.
	   126 p. ; 21 cm. – (Multidisciplinaridade em saúde e humanidades).
	
	   Inclui referências.
	   ISBN 978-65-250-5950-1
	
	   1. Racismo. 2. Psicanálise. I. Título. II. Série.
	
	                                                              CDD – 305.896

Livro de acordo com a normalização técnica da ABNT

Appris
editora

Editora e Livraria Appris Ltda.
Av. Manoel Ribas, 2265 – Mercês
Curitiba/PR – CEP: 80810-002
Tel. (41) 3156 - 4731
www.editoraappris.com.br

Printed in Brazil
Impresso no Brasil

Anna Carolina Fonseca de Melo

DESAMORDAÇANDO ANASTÁCIA
UM ESTUDO SOBRE A PRODUÇÃO PSICANALÍTICA RELATIVA AO RACISMO NO BRASIL

FICHA TÉCNICA

EDITORIAL	Augusto Coelho
	Sara C. de Andrade Coelho
COMITÊ EDITORIAL	Andréa Barbosa Gouveia - UFPR
	Edmeire C. Pereira - UFPR
	Iraneide da Silva - UFC
	Jacques de Lima Ferreira - UP
	Marli Caetano
SUPERVISOR DA PRODUÇÃO	Renata Cristina Lopes Miccelli
PRODUÇÃO EDITORIAL	Daniela Nazario
REVISÃO	Débora Sauaf
DIAGRAMAÇÃO	Renata Cristina Lopes Miccelli
CAPA	Jhonny Alves
ARTE DA CAPA	Luanna Cruz
REVISÃO DE PROVA	William Rodrigues

COMITÊ CIENTÍFICO DA COLEÇÃO MULTIDISCIPLINARIDADES EM SAÚDE E HUMANIDADES

DIREÇÃO CIENTÍFICA	Dr.ª Márcia Gonçalves (Unitau)
CONSULTORES	Lilian Dias Bernardo (IFRJ)
	Taiuani Marquine Raymundo (UFPR)
	Tatiana Barcelos Pontes (UNB)
	Janaína Doria Líbano Soares (IFRJ)
	Rubens Reimao (USP)
	Edson Marques (Unioeste)
	Maria Cristina Marcucci Ribeiro (Unian-SP)
	Maria Helena Zamora (PUC-Rio)
	Aidecivaldo Fernandes de Jesus (FEPI)
	Zaida Aurora Geraldes (Famerp)

Dedico esta obra a todas e todos que vieram antes de mim! Em especial, as psicanalistas negras, em nome de Virgínia, Neusa, Isildinha.

AGRADECIMENTOS

Ao Professor Doutor Márcio Mariath Belloc, que desde o primeiro contato me acolheu carinhosamente, além de toda a orientação e trocas enriquecedoras que tivemos ao longo do período do mestrado que possibilitou este livro.

Aos cartelizantes do "Cartel Racismo e Psicanálise", Danieli, Lorena, Luanna e Eduardo, posto que a questão que se fez pesquisa se iniciou nesse dispositivo de formação psicanalítica que se fez aquilombamento. Espaço de trocas teóricas, subjetivas, potentes e acolhimento importante para a vida.

À tia Margareth, por ser meu exemplo e inspiração de mulher preta, psicóloga, educadora e mestre, além de porto seguro de amor, acolhimento e escuta da vida toda.

Às minhas amigas, desde sempre e para sempre, Anita, Laize, Leize, Marina, Natália, Luciana, Denise, Kémmyle e Maisa, por estarmos juntas por toda a vida escolar, a contar do período em que não éramos alfabetizadas, passando pela universidade e seguindo juntas até hoje. Com elas construí os laços de amor que acolhem nas alegrias e tristezas da vida, tendo sido muito importantes também no período de pós-graduação que culminou neste livro.

Ao meu amor, que sempre foi amigo, Pablo, pelo incentivo diário com escuta, comida que alimenta e acolhe, além de trocas reflexivas e amorosas.

E ao Programa de Pós-Graduação em Psicologia da Universidade Federal do Pará, pela possibilidade de aprofundamento e produção acadêmica no norte do país, na região amazônica, potente e maravilhosa!

APRESENTAÇÃO

Exu
Tu que és o senhor dos
Caminhos da libertação de teu povo
Sabes daqueles que empunharam
teus ferros em brasa
contra a injustiça e a opressão
Zumbi Luiza Mahim Luiz Gama
Cosme Isidora João Cândido
sabes que em cada coração de negro
há um quilombo pulsando
em cada barraco
outro Palmares crepita
os fogos de Xangô
iluminando nossa luta
atual e passada

Abdias do Nascimento

Laroiê, Exu!

Pode parecer infamiliar aos leitores acostumados a construções teóricas apoiadas hegemonicamente em mitologias e culturas europeias clássicas, que a apresentação de um estudo psicanalítico inicie pedindo licença ao milenar senhor dos caminhos nas culturas de matriz africana. Mas no caso desse volume, uma saudação às musas, por exemplo, não faria justiça às dimensões em que o texto e a reflexão são desenvolvidos, assim como aos caminhos que ele nos conduz com rara generosidade. Cabe salientar que o livro não trata sobre deuses ou orixás, mas de encruzilhadas da história, da teoria e da práxis psicanalítica sobre as questões do racismo contra as pessoas negras no Brasil. Encruzilhadas que se dobram sobre os mal-estares na cultura do presente neoliberal, nos quais os racismos, o machismo, o colonialismo e a luta de classes estruturam não só a sociedade, mas as respostas às exigências pulsionais, engendrando ciclos de violências macro e micropolíticas. Não é sem efeito à vida cotidiana e, como nos demonstra a autora, tampouco é sem efeito sobre a própria produção psicanalítica de nossas terras: silenciamentos, negações, que estão na forma fundamental do racismo à brasileira, também estão presentes no conjunto da produção investigada. O amordaçamento tão bem captado pela autora em sua reflexão que só mais recentemente, como a mesma demonstra, vem cedendo a uma profusão de trabalhos e estudos. Um desamordaçamento que aqui se redobra dialeticamente na história da produção psicanalítica sobre o tema, mas também na história da própria autora.

A investigação que neste volume se presentifica foi produzida por meio de uma dissertação de mestrado junto ao Programa de Pós-Graduação em Psicologia da Universidade Federal do Pará, construída e defendida brilhantemente, a qual tive a honra de acompanhar na qualidade de orientador, além do privilégio de com ela aprender e seguir, como homem branco nascido no sul do país, na necessária obra sempre em curso de transformação decolonial, antipatriarcal e antirracista. Certamente Anna Carolina Fonseca de Melo também pode ser responsabilizada em sua contribuição em parte de minha recriação como amazônida.

Na ocasião da apresentação final da dissertação, a grande Zélia Amador de Deus já apontava em sua arguição, como membra da banca, que Anna Carolina Fonseca de Melo e seu trabalho tinham a qualidade de Exus, de auxiliar na construção de caminhos de pesquisas e produção de conhecimento nesse campo em nosso território amazônico e em nosso país. Da mesma professora Zélia Amador de Deus, em meio a inúmeros e importantíssimos ensinamentos sobre a luta antirracista e resistência da diáspora africana no Brasil e na América Latina, aprendemos com sua Ananse o poder da narração, da possibilidade de contar histórias, de incluir-se na história de uma forma não linear e vazia, habitando-a, incorporando-a atemporalmente como ancestralidade, como um ato político. Entendo que é justamente sobre este aspecto que a aproximação a Exu foi entoada por Amador de Deus.

O leitor poderá observar que se trata de uma pesquisa sobre a produção investigativa e textual psicanalítica brasileira das primeiras décadas do século XXI sobre o racismo contra pessoas negras. Mas também notará que a origem dessa pesquisa está no vivenciado pela autora, o que atravessou seu corpo e sua presença no mundo como mulher negra, como psicanalista negra. Na verdade, seu trabalho é desenvolvido e arquitetado ao recriar-se a si mesma como psicanalista negra. Na sua história enlaçada ancestralmente à história da negritude no Brasil e, por sua vez, às contribuições de grandes psicanalistas negros e negras, inclusive pioneiros e pioneiras em nosso país do que inaugura Sigmund Freud na Europa do final do século XIX.

Um trabalho de uma jovem psicanalista e pesquisadora da maturidade de sua importante contribuição para a psicanálise, para luta antirracista, para políticas afirmativas, enfim, para quem se interessa pelo ser humano e sua necessária diversidade. Necessária assim é a leitura desse volume, que ainda conta a belíssima contribuição artística na capa assinada por Luanna Cruz e com o generoso prefácio da professora Hevellyn Ciely da Silva Corrêa. E como se não bastasse, o livro ainda conta com o brilhante e contundente posfácio de Isildinha Baptista Nogueira, uma das maiores referências vivas no campo da psicanálise e sua abordagem do racismo, na teoria e na clínica.

Desamordaçando Anastácia ilumina a luta antirracista atual e passada dentro e fora do campo psicanalítico. Poderia seguir inúmeras páginas comentando suas contribuições, os desafios aos quais nos lança. Mas posso afirmar com segurança que, parafraseando os versos de Abdias do Nascimento, empunha os ferros em brasa contra as injustiças, opressões e violências, ao mesmo tempo em que, desamordaça e produz com os autores citados, com os possíveis leitores e com experiência um gesto emancipatório, faz pulsar mais forte o quilombo no coração. Ou a psicanálise é antirracista, antipatriarcal e decolonial, ou não é psicanálise.

Márcio Mariath Belloc

Belém, fevereiro de 2024

PREFÁCIO

Retirando grilhões da fala sobre o racismo

Para iniciar minhas observações sobre o livro de Anna Carolina Melo, de saída destaco a importância histórica dele, na medida em que advém de uma dissertação de mestrado, tanto pelo tema de pesquisa e modo com que é abordado no decorrer de todo trajeto, quanto por ter proporcionado a presença da professora Isildinha Baptista Nogueira na Universidade Federal do Pará, Universidade em que a professora Zélia Amador de Deus, outra membra da banca, construiu e continua a construir um importantíssimo trabalho sobre o povo negro na Amazônia. Testemunhar este encontro e fazer parte dele, na então condição de arguidora, a partir de um trabalho que carrega um ineditismo dentro da linha de pesquisa *Psicanálise: Teoria e Clínica* do Programa de Pós-graduação em Psicologia da UFPA, proporcionou a sensação de fazer parte de um novo momento na academia e, sem a ingenuidade de achar que já chegamos onde queremos, é preciso reconhecer e celebrar os momentos em que a mudança está acontecendo, para que ela continue a avançar.

À título de apresentação, anuncio ao leitor que aqui ele encontrará a fluidez da escrita de Anna Carolina, que consegue, do início ao fim do texto, nos levar por diferentes veredas históricas e conceituais, sem desviar daquelas tortuosas, tampouco fazer delas uma leitura árida e de difícil compreensão, de tal modo que é possível ver com precisão os caminhos escolhidos. Com esta abertura de caminhos, conseguimos acompanhar o texto como se estivéssemos conversando com ele, escutando-o, de tal modo que, mesmo se tratando de um hercúleo trabalho bibliográfico, notamos a "mão da autora" nos conduzir de modo sensível e crítico.

Logo no título do livro notamos que a questão do silenciamento tomou destaque em seu trabalho de pesquisadora, tomando essa questão em sua positividade e, de maneira política e psicanalítica, a escolha do significante "desamordaçando" já situa o silenciamento como algo impetrado e contra o qual a pesquisa, e agora o livro, se opõe frontalmente. Com um mesmo significante, há uma denúncia e uma resposta possível ao que foi construído, sendo sua escrita mais um gesto de desamordaçar e retirar as máscaras torturantes que impedem a fala. Assim como na obra de Yure Cruz, monumento à voz de Anastácia ou Anastácia Livre (2019) – em que o artista plástico ressignifica a clássica imagem de Anastácia, retirando-lhe os grilhões que cobriam a boca –, nomear a pesquisa a partir daquilo que se pode fazer diante das reiteradas tentativas de silenciamento, diz respeito não apenas a um amadurecimento de seu trajeto acadêmico, mas sobretudo ao ponto de enunciação da qual ela parte.

Ao lançar a interrogação "quais as pesquisas psicanalíticas acerca do racismo e suas repercussões no Brasil?", nos deparamos com a magnitude do problema de pesquisa de Anna Carolina, o que sinalizou tanto um caminho frutífero quanto um risco de perder-se em um tema tão amplo. No entanto, ao adentrar na pesquisa bibliográfica proposta – as produções psicanalíticas sobre racismo entre 1980 e 2020 – introduzindo anteriormente o cenário do racismo à brasileira, com um capítulo todo dedicado a isto, já compreendemos os passos que serão seguidos para responder a uma questão tão ampla. Aqui, destaco a torção feita no próprio método de pesquisa bibliográfica que, assim, não foi apenas uma apresentação das produções em um dado recorte temporal, mas a articulação desta pesquisa ao laço social de um tempo, revelando também o que há de sintomático em tal laço, mostrando-se, assim, enquanto uma pesquisa que parte do método psicanalítico. Na medida que tal pesquisa se tornou um livro, os métodos ora utilizados extrapolaram os limites acadêmicos, o que se torna ainda mais interessante quando o consideramos partir da psicanálise.

A introdução de autores e autoras essenciais para falar de racismo no Brasil e na psicanálise – como Abdias Nascimento, Virgínia Bicudo, Neusa Santos Souza, Lélia Gonzalez, Grada Kilomba e Zélia Amador de Deus –, tanto no capítulo "Racismo à brasileira" quanto no capítulo "Dos caminhos para fazer falar" –, conferiu ao texto uma dimensão política que, me parece, estava presente desde a formulação de um problema de pesquisa a partir de uma situação pessoal vivida. Trata-se, portanto, de situar a questão não apenas como um problema individual de Anna Carolina, tampouco de uma pseudo objetividade do tema de pesquisa, mas algo a se debruçar como uma ferida que diz respeito a todos, já que, como desde Freud sabemos, sujeito e cultura não podem ser pensados de forma excludente, conforme pretende discursos neoliberais, também eles situados na dobradiça entre sujeito e social.

Dos 26 trabalhos apresentados, a pesquisa não apenas expõe o conteúdo que cada uma trata, mas dialoga com o tema de interesse, silenciamento, com maior ou menor proximidade a depender da temática abordada em cada trabalho. Com isso, notamos que mesmo a apresentação de temas como Racismo, políticas públicas e subjetivação em Quilombos (Costa, 2012), a retomada da história de autoras importantes como Virgínia Bicudo (Tepermen & Knopf, 2011; Moretzsohn, 2013; Oliveira, 2020) e as articulações com temas psicanalítico, como a negação (Barros, 2014), não se perdeu de vista que as produções apresentadas não eram suficientes para acabar com o silêncio que o tema carrega dentro da psicanálise.

Algo que me chamou atenção, no levantamento bibliográfico feito por Anna Carolina, e que o leitor poderá aqui testemunhar, é uma maior produção a respeito de mulheres negras (Miranda, 2004; Guimarães &Podkameni,2008; Musatti-Braga, 2015; Rosa, Binkowski & Souza, 2019; Carrijo & Afonso, 2020), mostrando a importância do recorte raça e gênero, como operador para pensar o racismo e as desigualdades que a ele se somam. Tal dado, por outro lado, aponta para uma menor produção sobre as masculinidades negras, reproduzindo assim um movimento comum aos estudos de gênero, em que a questão das mulheres e do feminismo avançaram primeiramente nos estudos e na militância. Ainda que o trabalho de Melo não tenha se dedicado a este tema, ele sinaliza questões que podem se tornar temas de pesquisa, já que esta temática ora pontuada é apenas um dos muitos caminhos que abertos por sua pesquisa.

Destaca-se o salto de produções a partir de 2010, e o aumento de pesquisas que retomam autoras como Neusa Souza e Vírgínia Bicudo, num movimento de resgate e construção de memória, de tal modo que, mesmo que este aumento de produções ainda seja precário, quando pensamos em números absolutos e comparados a outras temáticas na psicanálise, podemos incluir o próprio trabalho ora apresentado como mais uma forma de construção de memória. Trata-se, portanto, de uma concepção de memória que soma o novo ao que foi encontrado/resgatado, em um movimento que não ignora as tentativas de silenciamento, fazendo com que a denúncia de tal silenciamento seja acompanhada por um caminho possível, dando a ver o que pode ser feito apesar das frequentes tentativas de amordaçamento.

Outro ponto alarmante que o trabalho sinaliza é o dado de que entre 1980 e 2000, somente há a publicação da dissertação de Neusa Santos Souza (*Tornar-se Negro ou As vicissitudes da Identidade do Negro Brasileiro em Ascensão Social*) e da tese de Isildinha Baptista Nogueira (*Significações do Corpo Negro*). Isto mostra o tamanho do problema, pois a esta época a psicanálise já se mostra um saber que circula pelas universidades e escolas de psicanálise e, mesmo com a não disponibilidade de um acervo eletrônico, já tem robusta produção a respeito de muitos temas metapsicológicos e clínicos. Este ponto mostra, tanto ao apresentar as produções bibliográficas no recorte temporal de 1980 a 2020, quanto na construção do cenário do racismo no Brasil e na psicanálise, como foram erguidas barreira simbólicas extremamente violentas ao tema do racismo, de tal modo que ele circulou entre ser algo inexistente ou, quando existente, de menor relevância para a produção de conhecimento.

Neste sentido, mesmo com a grande importância dos trabalhos de Neusa Santos Souza e Isildinha Baptista Nogueira, serem eles os únicos em cada década (de 1980 e 1990) dizem muito sobre o que não está publicado, mas que nem por isso deixa de existir enquanto um problema a ser enfrentado. A este respeito, o trabalho de Melo sinaliza para temas futuros de pesquisa que, de dentro da psicanálise, podem contribuir para pensar tanto a história até aqui construída, quanto a reordenação da história no presente e no futuro, são eles: a denegação do racismo e sua relação com o discurso neoliberal; a possível leitura do silêncio sobre o racismo a partir de *O Infamiliar* (Freud, 1919).

Estes temas, que decantaram de minha leitura e aqui surgem como convite ao leitor a também recolher os efeitos de sua leitura como novos trabalhos possíveis, apareceram no texto de maneira madura, em termos de situar e comentar quando da apresentação de artigos, mas sem avançar, já que o silenciamento era o principal tema e requeria um recorte contingente para uma pesquisa de mestrado. Me dedicarei aqui, brevemente, à recorrência à denegação como um funcionamento perverso que, no entanto, não está situado apenas enquanto estrutura clínica, mas como possível ordenador de gozo no social, o qual aparece em diferentes alturas do texto e, quando pensado com o tema da pesquisa, o silenciamento, este pode ser considerado tanto como uma forma de negar, quanto a negação como dito que recusa.

O silenciamento como forma de negar existências e o desamordaçamento como dito que recusa o que está colocado como norma, eis aí operações distintas, ainda que próximas: um "não dizer" e um "dizer não" e, sublinho aqui estas diferenças, por seu potencial político e, ao mesmo tempo, sua dimensão metapsicológica. O importante texto freudiano *A Negação* (FREUD, 1925/2014), trata da operação de denegação não apenas vinculada ao funcionamento perverso, como fará na obra *O Fetichismo* (1927), mas como funcionamento do aparelho psíquico e da dinâmica pulsional. Neste breve ensaio freudiano, as noções de juízo de atribuição e juízo de existência nos ajudam a pensar o "não" como operação que diz respeito ao funcionamento defensivo e edípico, marca do recalque e do desmentido, mas também como marca de uma diferença radical entre Eu e Outro, o que pode funcionar, inclusive, como uma saída possível àquilo que está dado como norma. Desta maneira, a própria pesquisa de Anna Carolina pode ser pensada como uma negativa àquilo que até então se propõe como "sim", como ideal de eu branco.

Para finalizar este preâmbulo à obra de Anna Carolina Melo, sinalizo aquilo que seu texto também me trouxe, para além de referências acadêmicas e psicanalíticas: romances e personagens da literatura brasileira e africana. Ao percorrer as páginas aqui escritas, pensei na trajetória de Kehinde em *Um defeito de Cor* (Ana Maria Machado), com sua perspicácia que atravessa momentos de muito sofrimento e também de sucesso; ou ainda as irmãs Bibiana e Belonísia de *Torto Arado* (Itamar Vieira Júnior), cujo tema do silenciamento é radicalizado em sua dimensão corporal; ou ainda o percurso de Olana e Kainane em meio à independência de Biafra, em *Meio Sol Amarelo* (Chimamanda Nigozi Adiche), onde fazer revolução é também um lugar de cuidado e afeto; e ainda me veio em associação a extrema violência que atravessa o destino de Pedro de *O avesso da pele* (Jeferson Tenório), com a crueza instaurada pela agressão policial direcionada aos corpos negros. Com uma escrita que nos encaminha ao trabalho intelectual e à sensibilidade da ficção, *Desamordaçando Anastácia* nos abre veredas do campo do possível, fazendo dele um lugar de invenção e mudança.

Hevellyn Corrêa

Psicanalista
Professora doutora da Universidade Federal do Pará

"Se wo were fi na wo sankofa a yenkyi"

"Nunca é tarde para voltar e apanhar o que ficou atrás"

SUMÁRIO

1
INTRODUÇÃO 23

2
DE SILENCIAMENTOS E PONTOS DE PARTIDA 31

3
DOS CAMINHOS PARA FAZER FALAR 37

4
RACISMO À BRASILEIRA 41

5
HISTÓRIA NEGRA DA PSICANÁLISE NO BRASIL 53

6
ANÁLISE DOS TEXTOS 61

7
CONSIDERAÇÕES FINAIS 111

POSFÁCIO 115

REFERÊNCIAS 119

1

INTRODUÇÃO

> *E, no que se refere à gente, à crioulada, a gente saca que a consciência faz tudo pra nossa história ser esquecida, tirada de cena. E apela pra tudo nesse sentido. Só que isso tá aí.. e fala.*
>
> (Lélia Gonzalez, 2020, p. 79)

O racismo é anterior à psicanálise tanto na história do Brasil, quanto na vida desta pesquisadora. Afinal, quem nasce não-branco nesse país que historicamente produziu embranquecimento de sua população enquanto política de estado, experiencia desde muito cedo no corpo os derrames de linguagem (violentos) provocados pela cor do maior órgão do corpo humano, a pele, o que se redobra na produção dos lugares do corpo negro e os limites impetrados à sua condição de cidadania.

Tem muito a ver com a história do Brasil como o encontro entre o racismo e a psicanálise se deu para mim, posto que antes mesmo da abolição, negros foram proibidos de estudar, além de não terem recebido qualquer reparação devido aos quase quatro séculos de serviços prestados, ou melhor, de escravização. Em consequência desses e de outros fatores, acadêmicos, intelectuais, pesquisadores, professores no país, são em maioria brancos. Com a psicanálise, não é diferente. Um imaginário de impossibilidades e limites impostos marcam as possibilidades simbólicas de uma mulher negra, ancoradas no real do corpo e lugares sociais.

Em um congresso de psicanálise, com interessados por essa teoria e sua prática, que após um trabalho apresentado que mencionava a questão do racismo entre negros, fui enlaçada pelo tema, tendo sido a primeira vez, desde o início do curso de psicologia e toda a formação em psicanálise (mais de uma década entre o início da graduação e esse encontro) até aquele momento, que deparei com alguma menção acerca do assunto. Após esse encontro, vários foram seus desdobramentos, mas para iniciar esse texto, vale mencionar que os fatos suscitaram as questões que motivam esta pesquisa. Nesse viés, buscar as produções psicanalíticas vem no sentido de tirar a máscara de ferro da boca da Anastácia (em alusão a calar de forma violenta as pessoas negras desse país) e quebrar com os silenciamentos que os racismos nos impõem (de maneira consciente ou inconsciente).

Aqui tratamos do racismo aos negros, mas para chegar nesse ponto, vamos fazer uma breve contextualização, pois grupos humanos são escravizados há muito tempo, desde as civilizações antigas (egípcia, grega, romana), contudo, a escravização de humanos atrelada às características fenotípicas específicas teve seu início por volta dos idos de 1400, com leilão de homens, mulheres e crianças trazidos de África para Portugal em 1444 (GOMES, 2019).

A escravização dos povos oriundos do continente africano se deu com um marcador visível, pois aquelas pessoas tinham características físicas que as tornavam bem diferentes de seus algozes, pois eram (são) pretas. A partir dessas características (e de algumas outras como cabelo e outros traços físicos), foram construídas teorias biológicas, filosóficas e religiosas para justificar a escravização daquelas pessoas que naquele momento, e por muito tempo depois, foram animalizados, e considerados como um povo sem alma – que é demonizado em sua cultura até hoje.

Na minha vida, obviamente, o racismo veio antes da psicanálise, posto que todo corpo negro que nasce neste país, experiencia suas características perversamente racistas, antes mesmo de saber o próprio nome. Evidente que as vivências racistas se deram com a "sutileza" brasileira proporcionada neste território. Um racismo à brasileira, com suas peculiaridades e violências. No entanto, foi apenas no encontro vivido do racismo em ambientes de discussão psicanalítica que surgiu o interesse em buscar mais acerca deste assunto.

Posto que a psicanálise aportou em terras brasileiras depois do racismo, sendo este o país com mais negros fora do continente africano, e considerando a psicanálise uma teoria (e prática) interessada em dar escuta aos sujeitos e suas angústias, nada mais lógico e esperado que a psicanálise se debruce sobre os efeitos do racismo na estruturação do sujeito, na produção do mal-estar nessa cultura estruturalmente racista. Nesse contexto, quais as pesquisas psicanalíticas acerca do racismo e suas repercussões no Brasil?

Essa é a pergunta que move este livro e foi a pergunta que me fiz após ser interpelada em um encontro nacional/internacional de psicanálise depois de ter escutado percepções que poderiam ser ouvidas como racistas. Será que os psicanalistas estudam sobre o racismo sofrido pelos negros no país? Esta pesquisa vai em busca dos trabalhos acadêmicos no campo da psicanálise que se debruçaram sobre o tema.

Não obstante, é preciso destacar que a busca por esta pesquisa bibliográfica também é atravessada pela experiência, considerando que, tal como mencionado anteriormente, em mais de uma década entre a graduação em psicologia e a formação em psicanálise, nada foi sabido sobre a temática. O que motiva a questão sobre o racismo estrutural brasileiro também ter atravessado a psicanálise, através de seus pesquisadores, e produzido, possivelmente, o que parece ser um silenciamento do tema. Posto que como nos refere Zélia Amador de Deus (2019, p. 27) "o interesse acadêmico pelo estudo do racismo e da luta contra essa prática emergiu pouco a pouco e relativamente tarde no ambiente acadêmico", sendo assim, não apenas na psicologia e na psicanálise, mas no campo da pesquisa de um modo geral, esta temática tardou a ter espaço tanto neste país quanto na América Latina.

Estaríamos diante de um processo de recalcamento dos horrores vividos pelos negros e negras no país? E se há um recalcamento, suas falhas produziriam sintomas a tal ponto de parecer difícil para alguns psicanalistas ouvirem acerca desse tema? Além disso, seria possível falar em recalcamento neste contexto, ou estaríamos diante de outras formas de mecanismos de defesa? Essa também foi uma experiência vivida. Após um congresso psicanalítico em que o assunto do racismo se fez presente, parti na busca teórica para entender o que a psicanálise teria produzido acerca do assunto, tendo produzido um breve trabalho em que tive orientação de uma psicanalista mais experiente. Chegado o momento de sua apresentação, fui orientada por uma pessoa da instituição de psicanálise da qual fazia parte, a não apresentar o trabalho, pois ele se baseava em achismos e as referências apresentadas não eram reconhecidas (ou não eram conhecidas pela avaliadora). Assim, fui informada que não poderia apresentar tal texto como vinculada àquela escola.

O referido acontecido se assemelha à uma tentativa de silenciamento. Grada Kilomba (2019) associa o silenciamento à imagem de Anastácia que é representada com uma máscara terrível que era utilizada para impedir os escravizados de comer, especialmente em plantações de açúcar e cacau, enquanto trabalhavam e, consequentemente, de falar. E é através da boca, esse lugar de enunciação, que nos tornamos sujeitos. Uma violência a cada uma das pessoas pretas, mas também à cultura do povo preto escravizado, marcada em suas origens pela tradição da transmissão oral. Silenciar pessoas e assassinar culturas. E se se trata de enunciação, também nos remete à própria psicanálise que, em seus primórdios, já foi definida como a "cura pela fala". Desde a época de Anastácia, até os tempos atuais, a tentativa é de silenciamento e de invalidação acerca do que temos a dizer. Do ponto de vista filosófico e político, tal como postula Djamila Ribeiro (2019), uma invalidação do nosso lugar de fala[1].

No entanto, e justamente por essa invalidação, e por tantos silenciamentos, Anastácia grita nos corpos pretos, muitas vezes como sintomas da violência racista, como formação do inconsciente, onde se enuncia o sujeito. Uma subjetivação que, sob a desautorização produzida com o modelo biomédico hegemônico nas práticas de cuidado vigentes, segundo Belloc (2021), muitas vezes redobra ou mesmo multiplica a violência, tratando como uma psicopatologia psiquiátrica o padecer do corpo e da alma preta frente ao racismo estrutural brasileiro. Nesse ínterim, multiplica a violência porque

---

[1] Lugar de fala considerando o lugar de onde parte cada sujeito com seu imaginário social, articulado a poder e controle. Posto que tal qual as pessoas pretas são subalternizadas e silenciadas, também o é sua produção intelectual, especialmente quando esta questiona as estruturas de poder (RIBEIRO, 2019).

explica e propõe uma intervenção no corpo biológico individual, como disfunção desse corpo já subalternizado e historicamente, senão animalizado, tratado como um humano-menos-humano. Não por acaso, vemos manicômios e suas reatualizações em outros espaços de internação de longa permanência e exclusão sendo coletiva e eminentemente negros. A mordaça de ferro está presente tanto nesses enormes contingentes de exclusão, quanto no pequeno gesto cotidiano, tal como minha experiência de silenciamento que relato acima.

Essa experiência também parece se relacionar ao texto de Lélia Gonzalez, "Racismo e sexismo na cultura brasileira" ([1984] GONZALEZ, 2020, p. 75) em que apresenta uma "neguinha atrevida" em uma longa epígrafe. Uma "neguinha atrevida" que, a meu ver, parece ter dito mais do que devia quando sinaliza seus desconfortos no evento psicanalítico e entre, supostamente, pares.

Cabe destacar, também, que o tal processo de silenciamento era justificado pela negação de que houvesse racismo na psicanálise ou, no caso, entre seus estudiosos e atuantes desse fazer, inclusive afirmando que o inconsciente não teria cor. Ora, silenciar a voz que busca refletir sobre o racismo na psicanálise é uma ação anti-psicanalítica, pois ela se reinaugura em cada análise pelo processo de escuta, de dar espaço e tempo para a voz. É justamente o racismo que cala, que nega e que violenta. Nesse sentido, se a psicanálise não for antirracista, então não será psicanálise.

Sendo assim, o racismo tão permeado por uma negação hipócrita de toda a violência histórica, estrutural e viva na micropolítica cotidiana, será que poderíamos, realmente, entendê-lo metapsicologicamente como uma produção das falhas do recalcamento? Ou, no âmbito do laço social, estaríamos diante de uma montagem perversa e, assim, atravessados por um discurso estruturado pela denegação?

Nesse viés, este livro parte, então, da necessidade de tirar do silêncio a produção psicanalítica das últimas quatro décadas sobre o racismo. Tem por objetivo geral analisar a produção da psicanálise brasileira sobre o racismo estrutural nas últimas quatro décadas; e por objetivos específicos: conhecer as principais produções psicanalíticas acerca do silenciamento negro nas últimas quatro décadas no Brasil; e investigar como se dão os atravessamentos do racismo estrutural na psicanálise brasileira e analisar a estruturação do racismo à brasileira desde uma perspectiva psicanalítica.

Nesse sentido, cabe destacar que não pode ser mero acaso que a produção psicanalítica sobre o racismo tenha sofrido com as mesmas mordaças anastacianas que os homens e as mulheres pretas vêm sofrendo desde os primórdios da colonização brasileira. Em vista disso, o presente escrito começa pela narrativa das experiências e pelas reflexões que justificam a pesquisa. E destas justificativas se depreendem o problema e os objetivos da pesquisa apresentados em sequência, que por sua vez, antecedem um breve apanhado teórico sobre o racismo à brasileira e psicanálise, trazendo algumas abordagens e possibilidades de interpelação da questão. Tendo sido colocada essas bases teóricas, apresenta-se e discute-se a metodologia bibliográfica pretendida, assim como se produz um exercício de análise dos trabalhos psicanalíticos encontrados circunscritos nesses últimos quarenta anos e sua articulação com a perspectiva dos silenciamentos desta temática apontados por estes. Conforme nos aponta a escritora, intelectual, militante negra, professora da Universidade Federal do Pará, Zélia Amador de Deus (2019, p. 29):

> [...] os discriminados falam, mas não são ouvidos, são vozes inaudíveis. Creio, levará algum tempo para que a Academia assimile essa linha de investigação como prática usual. Em muitos lugares, foi necessário que as herdeiras e os herdeiros da diáspora africana chegassem às Academias para forjar espaços. A experiência cotidiana de opressão acompanhou-os, não entraram sozinhos para a Academia. Não costumam andar sozinhos. Carregam consigo, além de sua história de vida, a história de seus ancestrais. A marca dessa história está em seus corpos, acompanha-os em qualquer lugar a que vão. Mesmo que eles queiram esquecer, não lhes é permitido. Haverá sempre alguém disposto a mostrar-lhes, sem a maior cerimônia. "É um negro!" Isso, na melhor das hipóteses. Às vezes, no embate, logo vem a agressão. "Não passa de um negro!".

As teias construídas e mencionadas por Amador de Deus nos indicam o que está por vir no caminho e nos amparam neste percurso. Como a autora afirma, nunca andamos sós, vamos com autoras e autores negros e aliados, percorrer os caminhos desta pesquisa.

DE SILENCIAMENTOS E PONTOS DE PARTIDA

A presente pesquisa adotará como metodologia o levantamento bibliográfico e a pesquisa em psicanálise, uma vez que será por meio da pesquisa bibliográfica que irei em busca das produções ocorridas entre 1980 e 2020, que constam nos portais Periódicos Eletrônicos, com os descritores "racismo" e "psicanálise".

Pautei-me, nesse sentido, na pesquisa em psicanálise atravessada pelo conceito da transferência, pois em consonância com Elia (1999, s/p), "se a transferência é condição de tratamento, ela será igualmente uma condição de pesquisa, dedução esta que assume aqui a formulação de um silogismo". Em outras palavras, a transferência é o que faz vínculo, algo de subjetivo, que se cola a algo do passado do sujeito, porque em transferência também reeditamos nossas relações primevas de amor e/ou ódio. Desse modo, considerando essa nuance da transferência em relação ao texto, também podemos odiar um texto por ele dizer muito sobre aquilo que não queremos acessar. Uma pesquisa se enlaça na subjetividade daquele que investe em se aprofundar nela. Nessa perspectiva, com a temática, o texto, os autores, a análise, só se dá em transferência. O autor aponta que a pesquisa também, posto que a transferência se faz presente e imprescindível no atendimento clínico e na pesquisa. No caso desta pesquisa, há transferência com a temática do racismo, da própria psicanálise e, sendo assim, também a expressão desse racismo na psicanálise, bem como os autores e seus trabalhos nos quais sustento a presente investigação.

A partir de estudos voltados para a psicanálise, poderemos analisar a produção psicanalítica acerca do racismo e assim possibilitar maior aprofundamento e reflexão acerca de tão importante temática. Durante a construção desta pesquisa, encontramos uma série de autores que passaram a se debruçar sobre o tema, tais como Virgínia Leone Bicudo, Neusa Santos Sousa, Lélia Gonzalez, Isildinha Baptista Nogueira, Grada Kilomba, Maria Lúcia Silva, Abdias Nascimento, Frantz Fanon, Zélia Amador de Deus, entre outros.

Não obstante, na segunda metade do século XX, a psicanálise já estava bastante difundida no Brasil, entrando no país por meio da medicina, especificamente a psiquiatria. A primeira menção no Brasil ao trabalho de Freud data de 1899, em comunicação do jovem psiquiatra negro Juliano Moreira na Faculdade de Medicina da Bahía, recém-chegado da Alemanha de sua formação com Emil Kraepelin (OLIVEIRA, 2002). Nesse contexto, chama a atenção que em uma história tão longa e grande que é a do desenvolvimento no Brasil, no país de mais longeva escravidão negra e de um profundo e bastante vigente racismo estrutural, as produções da psicanálise praticamente não terem se debruçado sobre o racismo. Foi preciso mais de um século para que se incorporasse como um tema de importância para o campo.

Dessa forma, o presente livro parte dos trabalhos psicanalíticos sobre o racismo, produzidos nas últimas quatro décadas que antecederam o atual grande interesse sobre o tema. Neste sentido, analisarei esses textos, que incorporam paradoxalmente um pioneirismo tardio sobre o tema, buscando as questões que colocam em discussão, pondo-as em diálogo com as atuais formulações. A questão que motiva esta investigação é a falta e o não conhecimento acerca de pesquisas sobre o racismo no Brasil que partam de uma perspectiva psicanalítica. Este é um problema de pesquisa que parte da experiência, pois apenas quando busquei o assunto é que me deparei com os autores e textos. Durante muitos anos, nem mesmo em congressos em outros estados do país esses autores, pesquisas ou assuntos foram discutidos.

Apesar de que em 2022 – especialmente após alguns acontecimentos amplamente divulgados pela grande mídia, envolvendo violência racista nos Estados Unidos, bem como a enorme reação popular e a grande repercussão no meio artístico e político – houve o surgimento ou maior divulgação de vários cursos e textos nessa relação da psicanálise com o racismo, faz-se necessária a busca pelas pesquisas das últimas décadas ou mesmo a reflexão do porquê este assunto está à margem dos holofotes, ou melhor, também silenciado.

Neste viés, considerando que a psicanálise chegou ao Brasil e foi fomentada por homens e mulheres negros e negras, qual a razão de tal invisibilização/silenciamento? Ou mesmo, por que atualmente esses autores têm sido redescobertos, com tantos livros sendo editados e reeditados?

O racismo é marcado na vida desde o nascimento, pois vindo de uma origem miscigenada, é apenas quando se nasce que descobrem a sua cor. Sendo assim, episódios ao longo da vida já haviam se dado, contudo existia certa idealização acerca do ambiente intelectual, acadêmico, por acreditar que tais violências (agora crime[2] de racismo) não ocorreriam nesses espaços devido à expectativa de que pessoas estudiosas não reproduzissem esse tipo de pensamento.

Cabe enfatizar, tal como já informado, que em mais de uma década a contar do início do curso de psicologia, passando por período superior a graduação na formação em psicanálise (o que incluiu além de estudo, análise e supervisão, congressos de psicanálise em outras regiões do país), não havia me deparado com a temática do racismo em sua articulação com a psicanálise, nem enquanto discussão nos diversos ambientes e nem como livro ou artigos, por exemplo.

Até esse momento, é importante ressaltar que nos parece que o *silenciamento* da temática na minha história já estava posto, talvez com a "sutileza" do racismo à brasileira permeado pelo epistemicídio que é frequente nesse território. Um exemplo disso e o fato de que encontrei em meu percurso pessoal poucas psicanalistas negras e negros. Tendo sido apenas no fim de 2018, assistindo a um congresso de psicanálise em outro estado, que ouvi uma articulação acerca do racismo e da psicanálise, e esse nem era o tema central do trabalho apresentado.

---

[2] Altera a Lei nº 7.716, de 5 de janeiro de 1989 (Lei do Crime Racial), e o Decreto-Lei nº 2.848, de 7 de dezembro de 1940 (Código Penal), para tipificar como crime de racismo a injúria racial.

Aquele primeiro contato com a temática do racismo em um ambiente de estudos psicanalíticos produziu significativo interesse. Após a apresentação daquela mesa, tendo solicitado a palavra, referi ser aquele o primeiro trabalho que assistia sobre o assunto e gerando muito entusiasmo com essa possibilidade, devido ao fato de ser uma mulher preta e, em geral, os ambientes de circulação da psicanálise, como aquele, serem espaços de maioria branca. Naquele momento, busquei articular o que apontava o trabalho apresentado com a experiência pessoal e familiar com a temática do racismo. Provável que naquele momento tenha se desvelado a questão do racismo em relação aos negros como proposição possível com a psicanálise. Caiu o véu posto em relação a uma possibilidade teórica nesta articulação, mas também o que algumas pessoas, tidas como psicanalistas por aqueles pares, pensam acerca da temática, o que indicou para algo que compreendemos como falas oriundas de pensamentos racistas (inclusive de pessoas que se disseram negras).

Após essa primeira experiência, muito foi elaborado em um ano, subjetiva e teoricamente, considerando tanto o acesso a textos quanto o trabalho produzido para apresentação em outro congresso. Concluída essa etapa, deu-se nova situação interessante nesta perspectiva que vem sendo construída sobre o silenciar, pois aqui ele se apresentou como indicação ativa: "isto não pode ser dito desta forma". Mas foi dito do modo como foi produzido em outro congresso e produziu reverberações interessantes, entre acolhimentos e questionamentos que provocaram ainda mais interesse pela temática.

E devido ao interesse em seguir nesta articulação de temas, ingressei no Cartel que estava se formando naquele novembro de 2019, Cartel Racismo e Psicanálise, ligado ao Fórum do Campo Lacaniano Belém/PA[3], com seus 4 + 1, na proposta de estudar a proposição do racismo com a psicanálise. Neste contexto, Cartel é um dispositivo de formação psicanalítica proposto por Lacan em seu "Ato de fundação", de junho de 1964 (LACAN, 2003, p. 235), referindo que o trabalho da escola de psicanálise que está sendo fundada se executará apoiada no trabalho de um pequeno grupo, contendo entre três e cinco pessoas,

---

[3] Do qual me tornei membro em agosto de 2023.

onde "MAIS UM encarregado da seleção, da discussão e do destino a ser reservado ao trabalho de cada um". Posteriormente, em uma nota anexa, Lacan (2003) dá o nome de cartel para o referido pequeno grupo, indicando ser este um dos meios de ingresso à sua escola.

A pesquisa já era um desejo, mas outros temas partindo da prática se faziam como questão, no entanto, passado um ano de Cartel onde se conheceu diversos autores entre psicanalistas e intelectuais das questões raciais, o questionamento acerca da questão do racismo no Brasil dentro da psicanálise se impôs como questão necessária.

Conhecer autores até então totalmente desconhecidos – os quais foram citados na sessão anterior -, me aprofundar ainda mais em autores como Virgínia Leone Bicudo e Grada Kilomba, presenciar as leituras produzidas pelas trocas e reflexões teóricas realizadas nos encontros do Cartel, juntamente com os relatos de experiência dos cartelizantes e todo acolhimento nos encontros presenciais e, posteriormente virtuais devido à pandemia da COVID-19, foram indispensáveis para a questão que se fez pesquisa.

Simbólico, neste percurso, que o primeiro artigo publicado (juntamente com Hevellyn Corrêa, professora do Programa de Pós--Graduação em Psicologia) tenha sido acerca desta temática, com título: "O não falar sobre o racismo: uma perspectiva psicanalítica" (MELO; CORRÊA, 2021), uma vez que vem sendo construído entre a formação, a academia, a pesquisa e a produção, abordar a não aceitação do silenciamento provocado direta ou indiretamente, quebrando assim a máscara de Anastácia que fora colocada pela cultura nessa colônia.

A psicanálise acaba provocando certa subversão do discurso, posto que não se faz enquanto formação na academia, nem na graduação e nem na pós-graduação, contudo comparece nestas como área de estudo e pesquisa, assim como no Programa de Pós-Graduação em Psicologia, como a linha de pesquisa: Psicanálise, Teoria e Clínica (do qual fiz parte e culminou neste livro). Neste caso, houve um ponto de encontro em uma questão que se fez na formação, ligada a uma escola de psicanálise reconhecida por seus pares neste e em outros países, e se colocou como o projeto de pesquisa para o mestrado, que se fez dissertação e agora livro. Sendo assim, para esta pesquisa, para a feitura deste trabalho, para o recebimento do título de mestre e agora tornado livro, foi o cartel, dispositivo de formação psicanalítica, que nesse caso também se fez aquilombamento de pessoas negras, que tornou tudo isso uma possibilidade.

Mesmo que todo percurso se dê subjetivamente, faz-se necessário, em alguns casos, indispensável, que existam outros com quem dialogar. Desde Virgínia Leone Bicudo, primeira psicanalista brasileira negra, até os cartelizantes do cartel citado, passando por todos os autores brilhantes que são referência para a pesquisa, ela não poderia existir sem essa base, sem tal ancestralidade, sem tão forte acolhimento. Assim como o analisante direciona suas questões para um analista, os citados acima são a escuta, o corte e a indicação para as elaborações possíveis, para o giro simbólico, para a saída sintomática do sofrimento.

Desse modo, foi a tentativa de silenciamento, sem contar os anos anteriores em que este esteve encoberto no percurso entre a psicologia e a psicanálise, que provocaram tanta inquietação, mas foi o percurso e o que nele se apresentou que possibilitaram tantas elaborações. Posto que falamos e escrevemos para elaborarmos as questões psíquicas, que são questões coletivas, então, que falemos mais, escrevamos muito, possibilitemos que o recalcado retorne e seja, finalmente, elaborado. Que a psicanálise siga implicada cada vez mais com o mal-estar na cultura advindo do racismo direcionado aos negros no Brasil. Que essa se faça antirracista e não sendo apenas após o racismo de fato, e que possa suscitar questões em não-negros também, visto atravessar, na cultura, os inconscientes de todos os brasileiros. Considerando algo do que é levantado no "A cor do inconsciente" de Isildinha Baptista Nogueira (2021), em um sentido dos inconscientes de cada um dos sujeitos, ser atravessado pelas questões raciais, pela cor, pela diferença, sendo corpo negro o seu ou o do outro.

3

DOS CAMINHOS PARA FAZER FALAR

Os caminhos para fazer falar as produções psicanalíticas sobre o racismo, ou seja, os métodos escolhidos para este trabalho foram o levantamento bibliográfico e uma pesquisa em psicanálise, pois como aponta Coelho e Santos (2012), não se dissocia teoria e clínica. Neste viés, esses autores consideram, citando Freud, que existe uma "indissociabilidade entre pesquisa e tratamento como característica inerente à psicanálise" (p. 91).

A pesquisa conta com a base de dados dos portais Periódicos Eletrônicos em Psicologia (PEPsic), Scientific Electronic Library Online – Brasil (SciELO-Brasil) e Biblioteca Virtual em Saúde (BVS). Para a busca dos artigos, foram utilizados os descritores em português "racismo" e "psicanálise", a fim de verificar publicações no período de janeiro de 1980 até dezembro de 2020. Os critérios de inclusão são artigos em português, dentro do período estipulado, o qual se inicia em 1980, período da redemocratização do Brasil, até final de 2020, ano anterior ao início da pesquisa de mestrado que suscitou neste livro. Os critérios de exclusão são aqueles artigos que não atendem ao tema proposto, fora do período citado e em outros idiomas que não seja o português. Sendo excluídos outros idiomas devido ao foco ser as reflexões e produções brasileiras sobre o assunto.

A pesquisa bibliográfica, de acordo com Gil (2002), é aquela executada por meio de materiais existentes, como livros e artigos científicos. O autor menciona ainda que periódicos e revistas representam, atualmente, uma das mais importantes fontes bibliográficas. Logo, este tipo de pesquisa é imprescindível em estudos históricos, pois é o que nos possibilita investigar os estudos já traçados, visto que este trabalho perpassa estas questões, considerando a importância de se aproximar deste aspecto histórico acerca da temática e de sua existência desde a chegada dos colonizadores neste território. Atentando que o país tem toda sua história pautada na escravização de pessoas, principalmente, dos sujeitos oriundos do continente africano.

Em outras palavras, a metodologia desta pesquisa consistiu em buscar as produções realizadas nos últimos quarenta anos, para saber o que a psicanálise tem produzido a esse respeito, levando em conta que se trata de uma teoria para a qual tem relevância não apenas a subjetividade, mas o sintoma social. Para esse ponto, encontramos a importante contribuição de Abdias Nascimento (2016), o autor postula que para essa população foram destinadas medidas para segregar e recusar direitos humanos básicos de existência.

Sendo a psicanálise essa teoria que também foi perseguida devido ao seu fundador, Sigmund Freud, ser de origem judaica, povo que também tem sua história marcada por perseguições, antissemitismo e genocídios, muito foi produzido por ele e seus contemporâneos acerca desses horrores. Não obstante, cabe questionar o que foi investigado a partir da psicanálise quanto ao racismo e ao genocídio negro no Brasil os quais, conforme autores como Jessé de Souza (2019), Djamila Ribeiro (2019), Zélia Amador de Deus (2019), entre outros, remontam às origens da nação brasileira e que persistem estrutural e abertamente constituindo nosso laço social. Sendo tão atual e tão presente nos processos de subjetivação, tão constituinte do laço social contemporâneo e da produção de mal-estar e, por sua vez, sendo a psicanálise acolhida nas universidades, nos consultórios, nas instituições de saúde e nos mais diversos ambientes, qual sua contribuição sobre a produção desses horrores? Evidenciamos uma escassez de produção da psicanálise nacional sobre um aspecto tão importante da cultura brasileira. Seria efeito da mesma negação apontada como um dos principais mecanismos do racismo por autoras como Djamila Ribeiro e Zélia Amador de Deus? A psicanálise brasileira estaria denegando nosso racismo estrutural?

Considerando, como nos aponta Coelho e Santos (2012), que a pesquisa em psicanálise tem como pilares a associação livre e atenção flutuante (os mesmos artifícios técnicos da clínica psicanalítica), afinada com a transferência, os autores consideram, citando Iribarry (COELHO; SANTOS, 2012), a possibilidade de uma leitura-escuta, "uma leitura guiada pela escuta ou atenção flutuante" (2012, p. 93). Por isso, deve-se aliar os dois métodos para buscar o acervo bibliográfico produzido acerca do racismo brasileiro por meio de uma perspectiva psicanalítica, assim como "ouvir" o que nos dizem esses textos para possibilitar uma reflexão ainda mais aprofundada acerca do tema.

Portanto, para cumprir com a análise das questões relativas ao racismo sob o viés da psicanálise brasileira, é fundamental compreender como se dá esse silenciamento negro na própria psicanálise que, preliminarmente, observamos na escassez de produção acerca desta temática.

Sendo assim, o levantamento bibliográfico sobre a temática é que vai sustentar a questão proposta, seja para afirmá-la, ou para se a contrapor a ela, bem como para que seja possível as reflexões acerca das produções já feitas sobre o assunto. Não obstante, as vantagens do caminho escolhido pela pesquisa bibliográfica, a limitação seria o recorte escolhido, pelo levantamento ser realizado nos portais eletrônicos, pois há uma importante produção no campo da psicanálise, por suas próprias especificidades, que ainda fica circunscrita às instituições psicanalíticas – associações de pares, de variadas filiações nacionais e internacionais, que se debruçam sobre a formação e a pesquisa em psicanálise, sobretudo, mas não somente, sobre a clínica. Por outro lado, analisar os trabalhos vinculados a essas plataformas, que se vinculam à produção acadêmica, também dá conta, de certa forma, do que ultrapassa as fronteiras dessas importantes instituições.

A psicanálise enquanto teoria também é o que provoca a pesquisa, posto que o recorte do levantamento bibliográfico se dará nas pesquisas que articulam o racismo à psicanálise no Brasil – sendo o país outra nuance importante desta pesquisa. Além disso, será a partir de conceitos psicanalíticos que as reflexões e a discussão dos resultados serão feitas. Nessa perspectiva, as vantagens do método de pesquisa em psicanálise são as articulações com conceitos como transferência, associação livre e atenção flutuante, que podem ser articulados aos próprios textos que emergiram do levantamento bibliográfico. A limitação é não agregar à pesquisa os textos de psicologia sobre racismo associados a outras teorias psicológicas.

Apesar das limitações expostas, para atender à inquietação da pesquisadora e provocar ponderações importantes sobre o tema, o levantamento bibliográfico e a pesquisa em psicanálise são métodos pertinentes para se aprofundar nos atravessamentos do racismo estrutural na psicanálise no Brasil.

4

RACISMO À BRASILEIRA

No Brasil, a escravidão foi legalizada por cerca de 338 anos, sendo o último país das Américas a aboli-la, contudo, o fato de não terem existido leis de segregação explícitas dá a impressão de ser um país sem preconceitos. Essa ideia foi corroborada por discursos teóricos que levantam a imagem de um povo cordial e miscigenado (SOUZA, 2019). Nesse contexto, a escravização dos povos oriundos do continente africano foi diferente devido à sua duração, quantidade e em função de ter se tornado um comércio específico, movimentando muito capital ao se instalar um marcador no real do corpo (e na origem) em quem era tido como humano e em quem era tido como mercadoria. Todos os territórios encontrados pelos europeus – denominados de Novo Mundo – foram "povoados" (para além dos povos originários destes lugares) com os escravizados trazidos da África e, deste modo, inaugurou-se a exploração, o genocídio do negro e o racismo no Brasil (também).

Abdias Nascimento, na obra *O Genocídio do Negro Brasileiro – Processo de um racismo mascarado* (1978/2016), livro oriundo de uma apresentação que faria em um colóquio em Lagos, Nigéria, em 1977 – e que foi rejeitada – defende que a discussão levantada foi recusada devido ao modo como o assunto era visto pelas autoridades brasileiras locais da época. Tal perspectiva pautava-se em teóricos como Gilberto Freyre, criador do "lusotropicalismo", que enaltecia a invenção de um paraíso racial sustentada pela teoria da miscigenação entre portugueses, negros e indígenas. Como se resultante da casa grande e senzala, para citar a obra que inaugura a construção de uma ficção de brasilidade mestiça como positividade, houvesse uma miscigenação pacífica e natural, sem qualquer diferenciação entre os brasileiros. Essa abordagem, conforme Souza (1983), foi rápida e amplamente adotada pelo Estado Novo, pela ditadura Vargas, na construção de um mito de brasilidade possível, suficientemente potente para soterrar possíveis dissidências, assim como incidir na invisibilização da luta de classes e do racismo estrutural.

Portanto, um mito de brasilidade, catapultado à dimensão de ufanismo patriótico durante a ditadura militar que impediu o trabalho de Abdias Nascimento. A recusa acerca da reflexão proposta pelo autor mostra o apagamento simbólico do negro no Brasil, pois nega a exploração de anos, bem como toda a discriminação e impossibilidade de acesso dos negros nos mais diversos espaços, assim como essa ideia da miscigenação que poderia impedir a discriminação dos brancos em relação aos negros.

O mesmo parece ocorrer com os descendentes de africanos no Brasil, pois a eles foi negada a humanidade e, depois, condições de subsistência, possibilidades de manutenção da vida, bem como ascensão social – juntamente com o apagamento e perseguição de seus ritos religiosos e a destruição dos documentos que apontam sua origem. Por fim, foram perseguidos e mortos pelas forças de segurança desde sua chegada em território brasileiro, até os dias atuais.

O negro, no Brasil, é designado à morte, antes mesmo de sua morte real, uma vez que há todo tipo de tentativa (e efetividade) no apagamento não só de seus corpos e seus caracteres fenotípicos, como de sua religião, cultura, origem. Toda a teoria da miscigenação racial, inclusive, sustenta-se neste apagamento. Um apagamento também estruturado por uma política de estado de embranquecimento da população. De fato, como nos apresenta Nascimento (2016), a política de imigração para os europeus se deu com intuito de embranquecer o país. Matar direta e indiretamente um povo que durante e obrigatoriamente trabalhou para explorar este território, tendo trazido também tão rica cultura, origem, história.

A psicanálise, ao chegar por essas terras, também se encontra atravessada por essas questões que são anteriores à sua existência. No livro *O racismo e o negro no Brasil: questões para a psicanálise* (2017), vários autores consideram a existência de um "racismo à brasileira", a partir da dissimulação de que neste país não há racismo, devido à miscigenação e à cordialidade, diferente de outros países, onde a relação entre negros e brancos se mostrara nitidamente conflituosa. Logo, o modelo do homem cordial brasileiro é divulgado mundialmente como aquele que festeja e não segrega, porém, a violência advinda do racismo faz parte de nosso cotidiano.

Afinal, nesta nação, mesmo sem uma legislação vigente explicitamente segregadora, os espaços sociais apresentam, em todos os lugares, as diferenças raciais. Não à toa, há o exemplo da necessidade de ações afirmativas que assegurem a presença de negros e negras em ambientes acadêmicos. Na Universidade Federal do Pará, por exemplo, o projeto de cotas para negros e negras foi oriundo do Grupo de Estudos Afro-Amazônicos, criado pela professora doutora Zélia Amador de Deus, em 2003, sendo o primeiro desta temática em uma universidade do Norte. Na UFPA, a proposta de cotas foi aprovada em 2005 e aprovada em 2008, e assim, "a UFPA foi a única universidade da região Norte a ter o sistema de cotas até que o projeto de lei aprovado pelo congresso o tornasse obrigatório" (AMADOR DE DEUS, 2020, p. 14).

Nesse ínterim, segundo Munanga (2019), o mito da democracia racial brasileiro se baseia em uma dupla mestiçagem, sendo esta biológica e cultural, entre brancos, negros e indígenas, suas três raças originárias. Sendo exaltada a ideia de uma harmoniosa convivência entre as pessoas em todas as camadas sociais e grupos étnicos:

> [...] permitindo às elites dominantes dissimular as desigualdades e impedindo os membros das comunidades não brancas de terem consciência dos sutis mecanismos de exclusão da qual são vítimas na sociedade. Ou seja, encobre os conflitos raciais, possibilitando a todos se reconhecerem como brasileiros e afastando das comunidades subalternas a tomada de consciência de suas características culturais que teriam contribuído para a construção e expressão de uma identidade própria. Essas características são "expropriadas", "dominadas" e "convertidas" em símbolos nacionais pelas elites dirigentes. (MUNANGA, 2019, p. 99-100).

O Brasil, como pontua Vannuchi, instituiu-se como nação dividindo homens superiores e livres de seres inferiores e cativos, inscrevendo uma marca, pois aquele outro, que apresenta diferenças marcadas "pelos seus traços, pela cor, pelos cabelos, por sua origem geográfica, carrega um estigma instalado no lugar do estrangeiro e escravizado pelos 'brasileiros' descendentes dos europeus" (2017, p. 63).

Essa marca foi inscrita com o único intuito de obliterar a pluralidade étnica, uma vez que isso culmina na manutenção do poder do primeiro grupo. Isso segue, portanto, a lógica da escravidão, na qual uns têm direitos, e outros apenas obrigações. Uma lógica denegada, desmentida a cada gesto cotidiano. No entanto, nessa lógica, como característica desse mecanismo de defesa, há sempre a face perversa da afirmação dessa brutal violência, nem que seja como um resto, como uma íntima estranheza.

Freud, na obra *Estranho* (1919), o qual recebeu, na recente tradução de Chaves e Tavares, o título de *O infamiliar* (2019), propõe-se a investigar o sentimento de inquietação humana, para isso, busca a etimologia das palavras *heimlich* e *unheimlich*, a fim de encontrar um significado que comporte a origem desse estranhamento, que se relaciona a um horror à diferença. De acordo com Freud: "Não há nenhuma dúvida de que ele diz respeito ao aterrorizante, ao que suscita angústia e horror, [...]", e há algo de "íntimo, próximo, familiar" na estranheza que a sensação do "infamiliar" nos provoca (FREUD, 2019, p. 29). Isto que é ao mesmo tempo tão próximo e tão desconfortável, provoca-nos certo horror que se manifesta também nas relações sociais de significativo rechaço aos outros.

Esse horror pode motivar nas pessoas algo dessa agressividade inerente aos sujeitos descrita em *O mal-estar na cultura*:

> [...] é que os homens não são criaturas gentis que desejam ser amadas e que, no máximo, podem defender-se quando atacadas; pelo contrário, são criaturas entre cujos dotes instintivos deve-se levar em conta uma poderosa quota de agressividade. Em resultado disso, o seu próximo é, para eles, não apenas um ajudante potencial ou um objeto sexual,

> mas também alguém que os tenta a satisfazer sobre ele a sua agressividade, a explorar sua capacidade de trabalho sem compensação, utilizá-lo sexualmente sem o seu consentimento, apoderar-se de suas posses, humilhá-lo, causar-lhe sofrimento, torturá-lo e matá-lo – *Homo homini lupus*. Quem, em face de toda sua experiência da vida e da história, terá a coragem de discutir essa asserção? (FREUD, 1930, p. 116).

Essa inclinação à agressividade nos possibilita ampliar ainda mais o nosso olhar sobre o racismo estrutural, inerente aos sujeitos e às instituições, devido a este estranhamento ao diferente ter a possibilidade de nos mobilizar com agressividade em relação ao outro. Nessa perspectiva, de acordo com Silvio Almeida há uma tese central

> [...] de que o racismo é sempre estrutural, ou seja, de que ele é um elemento que integra a organização econômica e política da sociedade. [...] o racismo é a manifestação normal de uma sociedade, e não um fenômeno patológico ou que expressa algum tipo de anormalidade. (2019, p. 20-21).

Freud (1919) já postulava que "um mesmo sujeito pode ser tolerado ou segregado de acordo com o contexto no qual se encontra" (p. 67). Essas características, as quais, no Brasil, se concretizam em razão da significativa miscigenação racial, são muito diferentes em outros países. Em países como os Estados Unidos da América, existiram leis de segregação, com ambientes separados para brancos e negros, do mesmo modo que na África do Sul, com o *Apartheid*, de 1948 a 1994, entre outros exemplos. Em contrapartida, o Brasil não teve leis de segregação diretas, explícitas, mas sim o racismo institucional e estrutural, permeando todas as relações sociais e todos os sofrimentos psíquicos calcados na opressão.

Essas diferenças de como as relações raciais se dão no Brasil, segundo Amador de Deus (2019), trouxeram uma consolidação para a tese da democracia racial, tornando-se, desse modo, um paradigma na Academia para estudos de relações raciais e se estabeleceram no imaginário da sociedade brasileira. "A partir de então, a democracia racial norteará os estudos das relações raciais na Academia. Esse paradigma só será abalado com o resultado do já referido Projeto Unesco, o que acontecerá na década de 50 do século XX" (p. 72).

Amador de Deus (2019) afirma que a democracia racial brasileira se dá a partir do racismo brasileiro, "cujo lema é impor-se pelo silêncio" (p. 72). Devido a essas características, após os terríveis acontecimentos da Segunda Guerra, "momento de profunda crise da civilização ocidental, volta o seu olhar para a sociedade brasileira, cuja imagem internacional é de uma sociedade em que os grupos raciais convivem em harmonia" (p. 72).

O resultado da pesquisa faz considerações importantes na perspectiva de desvelar a ideia equivocada sobre a harmonia racial existente no país e os pesquisadores brasileiros apontam "não apenas a existência do preconceito racial no Brasil contemporâneo, mas também a sua existência desde o período escravista" (AMADOR DE DEUS, 2019, p. 75). Ou seja, a ideia criada sobre democracia racial, todo o estabelecimento do que se pode ou não falar, neste caso, não se pode falar sobre racismo no Brasil, pois transmitiu-se a ideia totalmente equivocada de que neste território não haveriam questões provocadas pelas diferenças raciais, chegando ao ponto da Unesco acreditar sermos um caso de sucesso que poderia ser um exemplo para o mundo pós Holocausto, o qual demonstrou da maneira mais cruel (no continente europeu) o que o horror à diferença pode gerar (mesmo que a diferença entre povos já viesse produzindo horrores há muitos séculos).

É possível perceber o quão perversa é essa estrutura das relações raciais existentes no Brasil, posto que, tal qual na estrutura perversa, em que o sujeito vê a castração, mas a nega. As relações raciais neste país se dão dessa forma, já que não poder falar, apresentar trabalhos acerca do assunto, referir que os brasileiros não são racistas, e dizer que não há políticas de embranquecimento, entre outros, são tentativas de apagar, negar, silenciar, que a construção colonial desse território se deu a partir da escravização de pessoas e do apagamento de suas culturas, histórias, origens, bem como de sua cor e características; o que também ocorreu com os povos originários desse território.

Contudo, como podemos perceber na citação a seguir, tal apagamento perverso não se deu apenas nos séculos passados, ele ainda segue em curso.

> Quando da construção da rodovia Transamazônica no Brasil, na dácada de 1970, o Estado brasileiro, então em poder dos militares, desenvolveu a chamada política de "contato forçado" para obrigar os indígenas a abandonar seus mitos, ritos e crenças, condição necessária e suficiente de sua submissão. A técnica de abordagem é simples, mas terrivelmente eficiente: são construídos tapinis, abrigos rudimentares de folhas, aos quais são presos "presentes". Quando o índio agarra a isca, não consegue mais retirar a mão. Foi apanhado na engrenagem fatal das trocas mercantes. Assim apanhado com a mão na botija, ele é transferido para um "campo de atração indígena", onde acabará alienando sua liberdade e se vendendo ao(s) novo(s) senhor(es), enquanto sua aldeia é destruída. O processo de aculturação é brutal, destruidor e extremamente rápido. Em algumas semandas são destrídos milhares de anos de socialidade dita primária, implicando uma reciprocidade baseada no ciclo simbólico dar-receber-devolver, identificado por Marcel Mauss. Nesses campos de atração indígenas, os índices de suicídio, individual e coletivo, são consideráveis. (DUFOUR, 2013, p. 298).

Podemos dizer que as estratégias perversas do estado brasileiro seguem em curso para eliminar todos aqueles considerados inoportunos pelo estado (leia-se: não brancos). Não foi apenas o colonizador que criou meios de se utilizar e depois eliminar os povos originários, essa também se tornou uma política de estado, dependendo do momento, mais ou menos explícita. Abdias Nascimento (2016) traz essa perspectiva a partir do conceito de genocídio[4], que é o uso de várias formas de exterminar um grupo, formas literais e simbólicas, como o apagamento por meio da morte, mas também pela

---

[4] Conceitos de GENOCÍDIO em dois dicionários dos anos de 1963 e 1967 que constam no início do livro de Abdias Nascimento (2016, p. 16).

impossibilidade de condições de vida, inviabilizando nascimentos, destruindo uma cultura, língua ou religião. Bem como a recusa de direitos, a segregação racial. Logo, podemos considerar, a partir da percepção empírica, mas também sustentada por uma vasta literatura, que houve e segue em curso um genocídio do negro no Brasil. Não apenas devido aos quase 400 anos de escravização legal, porém ainda em função da não reparação ou iniciativa para amparar escravizados e descendentes após a abolição ocorrida naquele maio de 1888.

O autor foi convidado a se apresentar no Segundo Festival Mundial de Artes e Culturas Negras e Africanas (Festac/Fesman), que ocorreu em Lagos, Nigéria, em 1977, onde este apresentaria esse texto, que se tornou livro depois, sobre o genocídio do negro brasileiro, com análises e reflexões até então muito rechaçadas na época, posto que o Brasil vendia como versão oficial a "democracia racial". É apresentado, no posfácio do livro, um texto de Elisa Nascimento, no qual ela menciona que houve uma "ofensiva diplomática" contra a participação de Abdias no referido evento:

> O Ministério das Relações Exteriores, o Itamarati, lançou mão de estratégias e artimanhas repressivas dignas daquelas usadas pelo FBI contra Martin Luther King e Malcolm X, no intuito de silenciar a voz afro-brasileira que se insurgia naquele certame internacional. (2016, p. 210).

Essa descrição de Elisa Nascimento destaca o quanto Abdias Nascimento provocava com sua existência e pensamento, uma vez que o autor exibia uma realidade diferente a respeito das questões raciais, as quais eram, até então, veladas e deturpadas pelo Estado brasileiro, que por sua vez, empenhava-se em difundir a inexistência de qualquer tensão racial neste país.

Essa tentativa do estado brasileiro de considerar que no país não havia qualquer tensão racial e de silenciar todos aqueles que tentavam falar a respeito, configura-se como um apagamento simbólico acerca da temática, o que deixa evidente a tentativa de matar simbolicamente este pensador. Quantas maneiras de matar alguém são possíveis? Temos ainda a frequente tentativa de esconder a escravidão legal que existiu no Brasil por quase quatro séculos – como o trecho do Hino da Proclamação da República que questiona nem ser possível acreditar que escravos existiram nesta terra, tendo sido escrito somente dois anos após a Lei Aurea. "Nós nem cremos que escravos outrora / Tenha havido em tão nobre País / Hoje o rubro lampejo da aurora / Acha irmãos, não tiranos hostis / Somos todos iguais". A abolição se deu em 1888 e esse hino foi escrito e 1890. Tendo sido escolhido em um concurso, o poema de Medeiros de Albuquerque com música de Leopoldo Miguez.

O início dessa estrofe começa negando algo que ainda fazia parte da realidade deste país. Inclusive a própria Proclamação da República se deu devido à abolição, pois os latifundiários se revoltaram e tiraram seu apoio da monarquia portuguesa. Como seria possível duvidar da existência de escravos em tão nobre país, se eles estavam por todos os lados naquele 1890? Outro ponto interessante desta estrofe do Hino, é: "Acha irmãos, não tiranos hostis", algo entre uma crítica e um confissão, pois dizer que somos irmãos e não tiramos hostis, é admitir que a escravidão é hostil, terrível, cruel. Afirmando na sequência sermos todos iguais, o que era impossível no ano em que este foi escrito e, infelizmente, ainda é inviável de se afirmar neste 2023, tendo em vista a profunda desigualdade.

Seguindo na tentativa de exterminar as pessoas oriundas do continente africano e todas/todos os seus descendentes, uma das estratégias usadas, segundo Abdias Nascimento (2016, p. 83), foi o estupro das mulheres negras pelos brancos na busca do "sangue misto", originando, entre outras denominações, o pardo, o mulato. Essa prática seguiu por muitas gerações. Os sujeitos descendentes dessa mistura de raças prestaram importantes serviços aos brancos. Sendo o mulato "como o primeiro degrau na escada da branquificação sistemática do povo brasileiro", buscando, assim, a eliminação da raça negra do país (NASCIMENTO, 2016, p. 83).

Portanto, acreditava-se que a raça negra seria eliminada em função da mistura de raças. Até mesmo a Igreja Católica considerava que o negro teria um "sangue infectado", continua Nascimento (2016, p. 84). O autor aponta a existência de uma política imigratória "predominantemente racista", com intuito de embranquecer a população, inclusive com leis, como mostra um decreto de 1890, o qual diz ser livre a entrada de qualquer um apto ao trabalho, exceto os oriundos da Ásia ou África, que precisariam de autorização do Congresso Nacional. Perspectiva legal que, entre outras, contou com o decreto de setembro de 1945, de Getúlio Vargas, para regular a entrada de imigrantes de acordo com "a necessidade de preservar e desenvolver na composição étnica da população, as características mais convenientes da sua ascendência europeia" (SKIDMORE, 1976, p. 219 *apud* NASCIMENTO, 2016, p. 86).

Amador de Deus (2019) afirma que as regiões norte e nordeste do Brasil são consideradas as mais "desiguais" por não terem conseguido se embranquecer, sendo compostas em sua maioria por negros e indígenas.

> Se, por um lado, são portadoras de elementos culturais que passam a integrar o acervo da cultura nacional (leia-se acervo artístico cultural, na condição de folclore), por outro, carecem da tutela do Estado por não serem capazes de se constituírem protagonistas de sua própria História. Eis o viés racista que serviu e serve de pano de fundo para que se pense, até hoje, o desenvolvimento da Amazônia. (AMADOR DE DEUS, 2019, p. 70).

O governo brasileiro também estimulou a imigração dos racistas brancos expulsos de antigas colônias da África e, assim, "racistas fugitivos" se juntaram com os "líderes fascistas" fugidos de Portugal (NASCIMENTO, 2016, p. 86-87). Já em 1920, outras leis buscavam a imigração de brancos europeus e tinham validação dos intelectuais e cientistas da época que sustentavam teoricamente a ideia de que os brancos seriam superiores geneticamente e seu sangue ariano iria se sobrepor na população brasileira, com seus aspectos físicos, psicológicos e culturais. Abdias Nascimento (2016) pontua ainda que essa busca pela eliminação da raça negra não era uma teoria meramente abstrata, mas uma balizada em estratégia de destruição, assim como alterações nas pesquisas demográficas com intuito de não registrar raça ou etnia.

Nesse sentido, aponta-nos Nelson Rodrigues:

> Não caçamos pretos, no meio da rua, a pauladas, como nos Estados Unidos. Mas fazemos o que talvez seja pior. Nós o tratamos com uma cordialidade que é o disfarce pusilânime de um desprezo que fermenta em nós, dia e noite. (1966, p. 157-158).

Destarte, a crueldade de nossas leis está na "sutileza" do extermínio na origem, visto que a suposta cordialidade brasileira e a valorização da miscigenação racial encobrem o desejo do estado brasileiro em eliminar os descendentes africanos do Brasil.

Essa "sutileza" é chamada de perversa em *A cidade perversa*, livro de Dufour (2013), a cidade que, nesse caso, é um país. Denomina-se como perversa porque o racismo também se encontra articulado às perspectivas econômicas, tendo sido a escravização de pessoas em escala industrial iniciada devido a fatores econômicos, em virtude da necessidade de mão de obra nas colônias, como no Brasil, e também pelo comércio de pessoas em si ser muito lucrativo. Além disso, o autor aponta que as mais diversas articulações podem ser feitas também em relação à pornografia, considerando a fetichização do corpo negro, além da própria miscigenação que é fruto do estupro das negras – uso do corpo das mulheres negras objetificado pelos homens brancos.

Ainda nessa perspectiva, Drawin e Moreira (2018) apresentam em seu artigo perspectivas sobre a negação e a denegação e apontam o texto sobre o fetichismo, em Freud, onde se apresenta a explicação acerca da perversão. A negação e o desmentido apareceriam como "certa superposição dos dois mecanismos pertencentes à 'lógica da defesa psíquica'" (p. 88). Estes concluem que o mecanismo de defesa específico da perversão fetichista seria o conceito de "desmentido", apesar de ser um conceito complexo que "poderia revelar um grande valor para a compreensão crítica de certos aspectos da sociedade contemporânea" (p. 93). Dá-se, nesse sentido, a articulação da perversão com o racismo. Neste sentido, o racismo no Brasil se coloca neste lugar de ser histórica, social e estruturalmente desmentido, na tentativa de negar todas as construções históricas, sociais, legais, bem como as vivências diárias dos negros no país. Nega-se a existência do racismo no país e busca-se a impossibilidade de falar sobre ele.

Apenas após os horrores produzidos nessa lógica da perversa segregação que ocorreu no território europeu, que se iniciou a discussão mais significativa sobre os racismos:

> Tantos outros genocídios aconteceram durante o processo de colonização, mas com os outros, distantes, geograficamente, do território europeu. O momento é de reflexão. Naquele novo contexto, após a tragédia do Holocausto, havia de se construir uma nova ordem no mundo ocidental. Nessa perspectiva, foi criado o sistema internacional dos Direitos Humanos, inaugurado pela Declaração Universal dos Direitos Humanos de 1948. Desse instrumento, resultado da nova ordem estabelecida pelos brancos, serviram-se as herdeiras e os herdeiros de Ananse para a elaboração de novas estratégias de luta. [...] o movimento negro brasileiro contemporâneo assume o papel do personagem protagonista de uma luta para inscrever, na pauta do Estado, o combate ao racismo e à discriminação racial, concretizado em políticas públicas, voltadas, especificamente, para combater as desigualdades raciais. (AMADOR DE DEUS, 2019, p. 32).

O racismo vivenciado no Brasil pelos não brancos tem as mais diversas e profundas articulações com a perversão em seus aspectos políticos, econômicos e mesmo dessa perversão ordinária atribuída aos sujeitos neuróticos que tem atos perversos. Considerando a publicidade em torno deste ser um país livre de preconceitos frente à realidade da produção de genocídios diários em relação aos negros (e aos povos originários), essa parece ser uma atitude perversa com repercussões políticas, sociais e de significativo adoecimento subjetivo dos que são por ela atravessados.

5

HISTÓRIA NEGRA DA
PSICANÁLISE NO BRASIL

Em 1914, Juliano Moreira apresenta um trabalho sobre as teses freudianas na Sociedade Brasileira de Psiquiatria, Neurologia e Medicina Legal. Apesar dos registros mais remotos datarem de 1899, quando o médico baiano, terminada sua formação com Emil Kraepelin na Alemanha, teria referido sobre a teoria freudiana na Faculdade de Medicina da Bahia, contudo, como se sabe pouco acerca da veracidade deste fato, considera-se 1914 o início da divulgação da psicanálise no Brasil (OLIVEIRA, 2002).

A psicanálise chega ao país ligada à psiquiatria e é referida por esse campo nos primeiros anos de sua chegada. Outros psiquiatras se interessam pelos escritos freudianos e se referem à psicanálise em seus estudos. Entre eles, Franco da Rocha e o médico Durval Marcondes que em novembro de 1927 fundam a Sociedade Brasileira de Psicanálise (SBP), primeira instituição psicanalítica da América Latina.

Importante destacar que Durval Marcondes conheceu na Escola Livre de Sociologia e Política de São Paulo, a Educadora Sanitária, Virgínia Leone Bicudo. Marcondes dá aula de Psicanálise e Higiene Mental no referido curso e é aluno deste curso também. Após a formação, Virgínia também se tornou professora assistente desta disciplina.

Essa é uma pessoa importante para a história da psicanálise no Brasil, pois foi a primeira pessoa a deitar no divã da psicanalista alemã credenciada pela IPA e trazida ao país, Dra. Adelheid Koch (TEPERMAN; KNOPF, 2011). A primeira psicanalista a atender em território brasileiro foi uma mulher e a primeira a ser atendida, uma mulher negra.

A Sociedade Brasileira de Psicanálise de São Paulo, na noite do dia 5 de junho de 1944, com grupo composto por Durval Marcondes, Virgínia Bicudo, Adelheid Koch, Flávio Dias, Darcy de Mendonça Uchoa e Frank Philips, integraram o Grupo Psicanalítico de São Paulo, que nesse dia se tornou a Sociedade Brasileira de Psicanálise de São Paulo, depois da leitura da carta de Ernest Jones, em que este comunicava o reconhecimento oficial pela Internacional Psychoanalytical Asociation, presidido pelo mesmo há época (TEPERMAN; KNOPF, 2011). Neste dia, a diretoria foi composta e Marcondes se tornou o presidente e Bicudo a tesoureira.

Durante o Congresso de Saúde Mental de 1954, Virginia e Lygia Alcântara do Amaral foram agredidas por um grupo de psiquiatras opositores da psicanálise e acusadas de exercício ilegal da medicina e charlatanismo. Essas duas mulheres foram fundamentais para a construção da psicanálise no país, pois buscaram divulgar e transmitir os conhecimentos da psicanálise (TEPERMAN; KNOPF, 2011).

Esse é um breve recorte sobre o início da psicanálise no Brasil, no qual destacamos pôr a participação, protagonismo e pioneirismo de pessoas negras na presença de Juliano Moreira e Virgínia Leone Bicudo. Sujeitos imprescindíveis para a chegada e estabelecimento da psicanálise no Brasil e, no caso de Virgínia, apagados durante muitos anos da sua história, que em território nacional é considerada por muitos como elitista e, por que não dizer, experienciada, principalmente, por brancos, entre analistas e analisandos, devido aos recortes socioeconômicos.

A psicanálise, ao chegar neste território, também se encontra atravessada por essas questões que são anteriores à sua existência. Parece existir, no entanto, pouca literatura acerca deste tema, além de certa invisibilização de psicanalistas negras e negros – que foram e são essenciais para esta discussão, para a sua divulgação e para o desenvolvimento da psicanálise no Brasil.

Nesse âmbito, visto que o espaço para as produções acerca do racismo com as negras e os negros, pela perspectiva da psicanálise, são tão pouco difundidas, torna-se fulcral perquirir a respeito dessa tentativa de apagar tal atravessamento psíquico, pois este marcador de sofrimento perpassa todas as relações da sociedade brasileira. Com isso, a compreensão psicanalítica sobre esse assunto se faz necessária para o produzir simbólico acerca desse horror.

No Brasil, os estudos a respeito das questões raciais à luz da psicanálise foram marcados pela existência, tal como afirmamos anteriormente, de Virginia Leone Bicudo, a qual, além de ter sido a primeira mulher psicanalista no país, foi também a primeira, na América Latina, a fazer análise. Destaca-se, ainda, o fato dela não ter tido formação em medicina, o que deixa claro outro paradigma rompido pela psicanalista, haja vista a hegemonia médica na psicanálise brasileira, ainda que o texto freudiano já tivesse tratado do assunto em 1927 em "A questão da análise leiga". Apesar do evidente pioneirismo de Virginia em vários aspectos – inclusive em sua dissertação de mestrado, apresentada em 1945, sob o título: *Estudo de Atitudes Raciais de Pretos e Mulatos em São Paulo* (BICUDO, 2010), que traz uma investigação sobre relações raciais em um grande centro urbano, e do seu empenho em difundir a psicanálise no Brasil –, pouco ouvimos falar sobre ela e sobre a sua importância para a história da psicanálise no país.

Situação semelhante ocorre em relação à Neuza Santos Souza, que viveu entre 1948 e 2008. Esta, também brasileira, psicanalista e negra, contribuiu significativamente para as reflexões acerca do racismo neste país e, apesar do notório trabalho que desenvolveu, pouco sabemos sobre a sua produção. Autora do livro *Tornar-se Negro*, dizia: *"Saber-se negra é viver a experiência de ter sido massacrada em sua identidade, confundida em suas expectativas, submetida a exigências, compelida a expectativas alienadas"* (SOUZA, 1983, p. 17-18).

É nesse sentido que produções teóricas pouco difundidas a respeito de um assunto tão urgente, em um país que foi explorado a partir de processos violentos de dessubjetivação de outros (devido à sua origem, cor e modos de vida), promovem a alienação pontuada por Souza (1983).

Desse modo, nota-se que há um racismo epistemológico no qual estamos mergulhados, e que perpassa significativamente a psicanálise em diversos fatores: em nossa cultura, em nossa sociedade, em escolas de psicanálise, em eventos científicos e acadêmicos. Quais são as relações possíveis da psicanálise com o racismo explícito e implícito vivido por aqui?

Na obra *Lugar de Fala*, a autora Djamila Ribeiro traz a perspectiva de Lélia Gonzalez acerca de uma hierarquização dos saberes, reflexo do resultado de um privilégio social que, por sua vez, encontra-se no privilégio epistêmico, na medida em que "o modelo valorizado e universal de ciência é branco" (2019, p. 24). Destarte, parece-nos que essa hierarquização dos saberes também se faz presente em nossa psicanálise brasileira, o que avulta a necessidade de um desdobramento social desta teoria, de modo que não deixe de ponderar os atravessamentos psíquicos que a realidade brasileira tem sobre seus sujeitos.

Nesse âmbito, Maria Lúcia da Silva (2017) explicita sua experiência de mulher negra na escola de formação em psicanálise, onde percebia a falta de reflexão sobre o racismo e a discriminação racial, o que a levou a propor o evento que teve como resultado o livro *O racismo e o negro no Brasil: questões para a psicanálise*, no qual apresenta suas observações e ponderações sobre o assunto.

Nesse sentido, podemos falar também de pensadores negros importantes dentro do campo da psicanálise que, apesar de intensa e densa produção na metade do século XX, somente na última década tem sido mais estudado e reeditadas suas obras no Brasil: Frantz Fanon (nascido em 1925 e falecido prematuramente em 1961). Destacamos aqui *Pele negra, máscaras brancas* de 1952 – utilizada aqui sua reedição de 2008 –, que foi produzida para ser sua tese de doutorado em psiquiatria, tendo sido recusada para tal. Este aponta, entre outras questões, para a importância da linguagem na relação do "homem de cor" com o negro e com o branco, "uma vez que falar é existir absolutamente para o outro" (FANON, 2008, p. 33). Todavia, se não há espaço para o falar, o que está sendo negado é, sobretudo, esta existência. Nesse contexto, Fanon assinala, inclusive, que:

> As escolas psicanalíticas estudaram as reações neuróticas que nascem em certos meios, em certos setores da civilização. Obedecendo a uma exigência dialética, deveríamos nos perguntar até que ponto as conclusões de Freud ou de Adler podem ser utilizadas em uma tentativa de explicação da visão de mundo do homem de cor. (2008, p. 127).

Assim, constatamos que não há um mergulho nas considerações sobre o racismo nos ambientes psicanalíticos de produção teórica, como também das autoras pioneiras dos estudos raciais no Brasil. Dessa forma, esta pesquisa pretende alargar os estudos que discorrem sobre a presente temática, pois entender como o assunto percorre a psicanálise é um modo de abrir novas possibilidades para a compreensão do pretenso apagamento da questão racial.

Desse modo, atravessada pela questão da linguagem, temos os desdobramentos de Grada Kilomba, psicanalista portuguesa, em *Memórias da plantação – episódios de racismo cotidiano* (2019), obra na qual trata, entre outras questões, das máscaras usadas durante o período da escravidão, pelos escravizados, estas eram máscaras do silenciamento. Consistia em um objeto de metal colocado na boca dos homens e das mulheres escravizadas para que não comessem, contudo também os silenciava. Nesse viés, Kilomba nos afirma:

> A boca é um órgão muito especial. Ela simboliza a fala e a enunciação. No âmbito do racismo, a boca se torna o órgão da opressão por excelência, representando o que as/os brancas/os querem – e precisam – controlar e, consequentemente o órgão que historicamente, tem sido severamente censurado. (2019, p. 33).

A boca é, portanto, um símbolo da possibilidade de tomarmos um lugar por meio da enunciação. A máscara, nessa lógica, não é apenas a tentativa de um silenciamento tal como o entende o senso comum, porém, a tentativa de silenciar o sujeito enquanto sujeito do inconsciente, com sua possibilidade de desejar, de se constituir por meio da linguagem, por fim, é a tentativa de apagar a sua possibilidade de ser.

Diversos autores, na psicanálise, que refletem sobre a temática do racismo no Brasil, apontam a pouca produção relacionada ao assunto e a prevalência de pessoas brancas entre os analistas e analisandos. Como mulher negra e psicanalista, não somente me deparo com esta percepção, como também com a vivência de episódios racistas em ambientes psicanalíticos de trocas de conhecimento.

Estas e tantas outras leituras me provocaram a aprofundar teoricamente os porquês de a psicanálise silenciar ou dizer pouco sobre este assunto. Afinal, é notável que os estudos sobre o antissemitismo são sempre frequentes em ambientes psicanalíticos (e não há nenhum problema nisso), por outro lado, o horror produzido nos quase 400 anos de escravidão no Brasil e os desdobramentos vivenciados até hoje, devido a essa insuportável diferença entre os sujeitos, também precisam ser aprofundados. Assim como aprendemos com Freud e Lacan, é preciso falar para apaziguar a angústia, é preciso elaborar para eliminar os sintomas, produzir simbólico para este real, que não para de se inscrever todos os dias em nossa realidade.

Sob essa perspectiva, segundo Neuza Santos Souza (1983, p. 17):

> A justificativa histórica deste trabalho se fundamenta na constatação inequívoca da precariedade, no Brasil, de estudos sobre a vida emocional dos negros e da absoluta ausência de um discurso, a esse nível, elaborado pelo negro, acerca de si mesmo.

De modo análogo, a nossa contribuição destas presentes linhas também busca esquadrinhar as nuances do que a psicanálise, seus psicanalistas e acadêmicos produziram sobre este assunto neste país, que é assentado nas relações raciais, racistas e escravocratas.

Desde o período da redemocratização, até agora, entre 1980 e 2020, quais são as produções psicanalíticas que foram desenvolvidas no Brasil sobre o racismo? Visto que o Brasil é um país tão marcado pelas relações raciais, há certo estranhamento que incorre do fato da psicanálise não se aprofundar sobre a presente temática, ou seja, há uma acentuada recusa nas produções de trabalhos relativos às questões de raça. Qual mal-estar pode se fazer presente na ausência de pesquisas sobre este assunto?

Isto posto, investigar o mal-estar que se instala na recusa de produções que versam sobre o silenciamento negro é expandir os entendimentos e a relevância deste tema para o Brasil e para uma psicanálise brasileira, o que se torna urgente diante do sofrimento provocado nos sujeitos e que se fazem presentes nos consultórios, bem como nos demais ambientes permeados pela produção psicanalítica. A revisão dos materiais já existentes é indispensável para pensar a conjuntura atual do racismo, bem como o que foi produzido acerca do assunto ou mesmo qual a divulgação desta temática neste lugar em que os povos oriundos da África são imprescindíveis para a história desta nação. Devido a isto, é importante a busca pela bibliografia sobre o assunto, assim como apontar sua pouca produção e/ou escassa divulgação, o que indicaria para um racismo epistemológico.

6

ANÁLISE DOS TEXTOS

Tal como afirmamos anteriormente, o racismo, no Brasil, tem marcadores diferentes daqueles identificados em outros países. Diferentes, em especial, daqueles países que receberam o povo retirado do continente africano para serem escravizados, pois, neste país, passados os 338 anos de escravidão legal, não tivemos leis explicitamente segregadoras. Contudo, existiram, e existem até hoje, várias leis, condutas sociais e diversas manifestações ainda apoiadas no racismo que estrutura nossa sociedade e nossas relações. Nesse viés, como um primeiro passo da investigação sobre a produção das quatro últimas décadas sobre o racismo a partir de uma abordagem psicanalítica, aqui serão apresentados nominalmente os trabalhos encontrados, até o momento, utilizando os critérios de inclusão e exclusão já mencionados.

Ao buscar sobre a produção nas últimas quatro décadas, a partir dos descritores em português "racismo" e "psicanálise", na base de dados dos portais Periódicos Eletrônicos em Psicologia (PEPsic), foram encontradas 17 pesquisas; no Scientific Electronic Library Online – Brasil (SciELO-Brasil), foram 7; e na Biblioteca Virtual em Saúde (BVS), foram 39 pesquisas. Somando os resultados, chegamos ao total de 63 trabalhos, contudo, muitos se repetiram nos distintos portais. Além de várias não corresponderem ao tema proposto, por se tratar de pesquisas sobre outros tipos de preconceitos. Resultando assim, em 24 trabalhos, sendo que dentre eles, temos: 1 dissertação, 3 teses e 20 artigos. Apesar do recorte para busca ser entre 1980 e 2020, só apareceram nos bancos de dados pesquisados, trabalhos a partir de 2000. As pesquisas foram separadas por décadas: 2000, 2010 e 2020. Sendo encontrados, 3 na primeira, 13 na segunda e 8 na terceira (que só inclui o ano de 2020).

Existem dois trabalhos que correspondem ao recorte proposto nesta pesquisa, mas não constaram nos bancos de dados. São os trabalhos de Neusa Santos Souza e Isildinha Baptista Nogueira, ambos nesse recorte entre racismo e psicanálise e no período temporal, sendo, respectivamente, de 1983 e 1998. Devido à significativa importância da dissertação de Neusa e da tese de Isildinha para essa temática, elas serão incluídas neste trabalho. Sendo possível ainda, representar, as quatro décadas pesquisadas.

Ao todo temos 26 pesquisas, divididas em décadas, sendo elas:

1980:

Dissertação de mestrado que se tornou livro e foi publicada pela Edições Graal, no Rio de Janeiro em 1983, com o título *"Tornar-se Negro ou As vicissitudes da Identidade do Negro Brasileiro em Ascensão Social"* de Neusa Santos Souza.

1990:

Tese de doutorado, *"Significações do Corpo Negro"* de Isildinha Baptista Nogueira, defendida em 1998 na Universidade de São Paulo. Esta tese se torno o livro *"A Cor do Inconsciente – Significações do Corpo Negro"*, publicada em 2021, pela editora Perspectiva em São Paulo.

2000 (2004, 2005 e 2008):

A dissertação de mestrado com título: *"A beleza negra na subjetividade das meninas – um caminho para as Mariazinhas: considerações psicanalíticas"* de Maria Aparecida Miranda foi defendida em 2004, no Instituto de Psicologia, pós-graduação na linha psicologia clínica na Universidade de São Paulo.

De 2005 temos a tese: *"Negritude e sofrimento psíquico – uma leitura psicanalítica"*, de José Tiago dos Reis Filho, defendida na Pontifícia Universidade Católica De São Paulo, no Programa de Estudos Pós-Graduados em Psicologia Clínica - Núcleo de Psicanálise - Laboratório de Psicopatologia Fundamental.

O artigo de 2008 intitulado, *"A Rede de Sustentação Coletiva, Espaço Potencial e Resgate Identitário: Projeto Mãe-Criadeira"*, de Marco Antonio Chagas Guimarães e Angela Baraf Podkameni, foi publicado na revista Saúde e Sociedade de São Paulo.

2010 (2011, 2012, 2013, 2014, 2015[2], 2018[3] e 2019[4]):

Para começar essa próxima década, temos o artigo de 2011, com título: *"Virgínia Bicudo – uma história da psicanálise brasileira"*, de Maria Helena Indig Teperman e Sonia Knopf, publicado no Jornal de Psicanálise 44 de São Paulo.

No ano de 2012, temos a tese *"Racismo, política pública e modos de subjetivação em um quilombo do Vale da Ribeira"*, de Eliane Silvia Costa, defendida no Instituto de Psicologia da Universidade de São Paulo.

Outro artigo com relato biográfico sobre Virgínia Leone Bicudo, foi publicado em 2013, no Jornal de Psicanálise 46, São Paulo, com título *"Uma história brasileira"*, de Maria Ângela Gomes Moretzsohn.

Temos o artigo, *"Não somos racistas: uma contrarreação calcada em "A negativa" freudiana"*, no ano de 2014, de Mariana Leal de Barros, na Psicologia Argumento de Curitiba.

Outra tese nesta década é *"Os muitos nomes de Silvana: contribuições clínico-políticas da psicanálise sobre mulheres negras"*, de Ana Paula Musatti-Braga, defendida no Departamento de Psicologia Clínica da Universidade de São Paulo em 2015.

Em 2015, também temos o artigo *"Racismo como metaenquadre"*, de Eliane Silvia Costa, na Revista do Instituto de Estudos Brasileiros. Artigo originado da tese de 2012 apresentada nessa pesquisa no recorte dessa década.

"Escutando os subterrâneos da cultura: racismo e suspeição em uma comunidade escolar", de Ana Paula Musatti-Braga e Miriam Debieux Rosa, é um dos artigos de 2018, publicado na revista Psicologia em Estudo.

Em 2018, publicado na Revista Ágora do Rio de Janeiro, temos *"Função e campo do recalque e do luto no contexto da cultura:*

reflexões sobre o racismo, o banzo e o blues", de Nilda Martins Sirelli e Denise Maurano.

E para concluir, esse terceiro artigo de 2018, oriundo da mesma universidade e programa de onde partem este trabalho, *"Considerações psicanalíticas sobre preconceito racial: um estudo de caso"*, de Robenilson Barreto e Paulo Roberto Ceccarelli, publicado na revista Estudos de Psicanálise de Belo Horizonte.

No ano de 2019, temos o artigo *"Tornar-se mulher negra: uma face pública e coletiva do luto"*, de Miriam Debieux Rosa, Gabriel Inticher Binkowski e Priscilla Santos de Souza, publicado na revista Clínica e Cultura.

Outro artigo de 2019 é *"Ferenczi e a educação: desconstruindo a violência desmentida"*, das autoras Marília Etienne Arreguy e Fernanda Ferreira Montes, publicado na revista Estilos da Clínica.

"Escravização, preconceitos e psicanálise", de Gustavo Gil Alarcão, também de 2019 e foi publicado no Jornal de Psicanálise 52.

Último artigo de 2019 é *"O mal-estar colonial: racismo e o sofrimento psíquico no Brasil"*, de Deivison Faustino, publicado em Clínica e Cultura.

2020 (2020[8]):

Para começar essa década, que inclui apenas o ano de 2020, temos *"Cheiro de alfazema: Neusa Souza, Virgínia e racismo na psicologia"*, de Regina Marques de Souza Oliveira, artigo publicado em Arquivos Brasileiros de Psicologia do Rio de Janeiro.

O artigo *"Um olhar sobre Virgínia Leone Bicudo"*, de Carlos Cesar Marques Frausino, publicado na Revista Brasileira de Psicanálise.

"Olhares negros nos importam: O paradigma Virgínia Leone Bicudo", de Paola Amendoeira, artigo que foi publicado também na Revista Brasileira de Psicanálise.

Na Revista Estudos Feministas de Florianópolis, foi publicado o artigo *"A Violência Doméstica e Racismo Contra Mulheres Negras"*, de Christiane Carrijo e Paloma Afonso Martins.

De Daniele Menezes, Jefferson Nascimento, Rosa Schechter, Giselle Falbo e Paulo Vidal, temos o artigo *"Das impossibilidades do racismo etnosemântico à fala como saída"*, publicado em Arquivos Brasileiros de Psicologia do Rio de Janeiro.

O artigo *"Psicologia e Racismo: as Heranças da Clínica Psicológica"*, de Maiara de Souza Benedito e Maria Inês Assumpção Fernandes, está na revista Psicologia: Ciência e Profissão.

Publicado em Arquivos Brasileiros de Psicologia do Rio de Janeiro, temos o artigo *"Racismo e necropolítica: um debate entre teoria social e psicanálise"*, com autoria de Carlos Alberto Ribeiro Costa, Thayslane Pereira dos Santos Leite, Angelo Marcio Valle da Costa, Julia Sardinha Leonardo Lopes Martins, Claudia Soares Sant'Anna, Daniel Henique Serra dos Santos, Ana Clara Oliveira da Cunha Soares, Renata Magaldi Granato Moraes, Maria Isaura Rodrigues Pinto e Rafael Bordallo de Figueiredo Raposo.

E, para finalizar, o artigo *"Sobrevivendo no inferno: narrar a vida para fazer algo"*, de Marta Quaglia Cerruti, publicado na revista Estilos da Clínica.

Trazer estas publicações, além de ser o resultado da pesquisa feita em 28 de setembro de 2021, também comparece no intuito de responder a questão sobre a existência de estudos com esse recorte. Apesar desse resultado, que não chega a 30 trabalhos, o que talvez aponte para algo desse silenciamento que vem sendo costurado, faz-se como marcador importante. Apesar de toda a lógica genocida também no aspecto epistemológico, tiveram pesquisadores interessados por essa temática. Mostrá-los aqui se presentifica, mais uma vez, enquanto ato político.

6.1. Das Anastácias em pesquisas psicanalíticas

Considerando os silenciamentos como uma categoria importante do racismo à brasileira, a qual, por décadas, se redobrou sobre a própria produção psicanalítica sobre o racismo, vamos apontar em quais pesquisas e como essa categoria comparece, articulado aos temas apresentados pelos autores. Seguiremos na ordem cronológica já apresentada.

Neusa Santos Souza (1983) começa seu livro apontando sobre a necessidade de negros terem um discurso sobre si, pois essa é uma das formas de exercerem autonomia. Seu trabalho se justifica devido aos pouquíssimos estudos "sobre a vida emocional dos negros e da absoluta ausência de um discurso, a esse nível, elaborado pelo negro acerca de si mesmo" (p. 17).

A autora no seu *"Tornar-se Negro"*, realizou uma pesquisa em que entrevistou pessoas negras em ascensão social. Um dos capítulos do livro com o título "Temas Privilegiados", traz assuntos que tiveram um lugar destacado na fala dos entrevistados e na escuta da autora. Um subtópico desse capítulo se chama: "Não falar do assunto", onde aparecem trechos das falas de três entrevistados. No primeiro trecho, temos Luísa que conta sobre um namorado louro dos olhos azuis que nunca a assumiu; a relação era muito boa quando estavam à sós e não imaginava que poderia ser algo racial, nunca considerou a necessidade de discutir esse assunto. Ela aponta ainda que era uma grande conquista estar com ele, por ele ser bonito e cobiçado, e de ele querer estar com ela.

Outro trecho de Luísa fala de outro relacionamento, agora com seu marido, e diz que a família dele não lhe aceita. Contudo, o marido assume tudo e lhe impõe aos familiares, no entanto, eles pouco discutem esse assunto.

No último trecho deste subtópico, temos a fala de Carmem, que afirma a dificuldade de discutir sobre a questão racial, no meio da pequena burguesia branca, intelectual. Havendo um pacto de "quase somos iguais", e, por isso, seria "inoportuno, inadequado, perigoso, discutir a questão" (p. 66), segundo Carmem. Ela cita ainda que há dois tipos de resposta à questão racial nesse meio, sendo uma "paternalista-mistificadora", pois a outra pessoa diz ter um bisavô negro e, por isso, se sentir negro também. E outra resposta é a negação, onde o outro diz que não se vai discutir o assunto.

Em um outro capítulo, sobre metodologia, Neusa (1983) conta que seu primeiro contato com os entrevistados era por telefone, e em quase todos se criou a expectativa de que ela fosse branca, alguns deles disseram isso com palavras e outros com atitudes. A autora refere que a ideia se sustenta na perspectiva de que "negro que sobe não fala de negro" (p. 71), posto que "faz parte das estratégias de ascensão aceitar a mistificação constitutiva da ideologia da democracia racial: somos uma democracia racial, não existe problema negro, não há por que falar disso" (p. 71).

Interessante perceber o quão atual são esses aspectos apontados acima acerca da pesquisa de Neusa, pois ainda temos poucos estudos sobre o assunto e precisamos falar sobre nós mesmos. Nessa perspectiva, foi falando sobre como é ser negra em contexto atual, articulado a um trabalho apresentado em um congresso de psicanálise que, em fins de 2018, ouvi de uma psicanalista branca que essa se via negra por ter um avô negro, mesma reflexão que nos traz Carmem, que foi ouvida por Neusa para sua dissertação na década de 1980. Chega a impressionar o pouco que caminhamos em diversas nuances da questão racial. Ou ainda, o quanto várias pessoas negras deixam de falar acerca do assunto com seus parceiros/parceiras e convívio social, para não causar desconfortos. O que não se pode falar aponta mais para uma angústia, do que aquilo que é dito.

A pesquisa seguinte é a de Isildinha Baptista Nogueira (1998), dentro da segunda parte da tese, com título "Dimensão Psíquica da Condição do Negro", há um tópico nomeado de "A Alienação do Sujeito na Linguagem", que articula, juntamente com outros autores, a perspectiva lacaniana acerca da constituição do sujeito através da linguagem.

> O sujeito não é a causa da linguagem, mas é causado por ela, isto é, o sujeito, que tem sua origem na linguagem, se manifesta nela própria como um efeito; efeito de linguagem que o materializa enquanto tal, ao mesmo tempo que o encobre. (p. 56).

O sujeito se constitui através da linguagem e se encobre por meio dela. Em outras palavras, a autora afirma que o sujeito do inconsciente só é representado pela linguagem, bem como disfarça seu discurso em relação à verdade de seu desejo.

Nisso que estamos buscando articular com os silenciamentos, como pode se constituir o sujeito negro se não pode falar acerca de sua negritude? Se para existir, como nos aponta os entrevistados do texto anterior (*Tornar-se negro*, 1983), esses precisam calar sobre as questões raciais que os atravessam. Se o sujeito se constitui pela e na linguagem, o que fica quando este não pode falar? Ou quando o que é dito sobre si, nega suas potencialidades enquanto sujeito?

Assim, como, nos parece pelo exposto teórico do texto de Nogueira (1998), ser também pela linguagem que o falante tenta disfarçar a verdade de seu desejo, sendo assim, os ditos sobre sermos iguais poderiam apontar sobre algo desse disfarce.

A análise de três casos, de pessoas atendidas pela autora, aponta para algo da tentativa de apagamento, tanto da analista negra, quanto das analisandas com aspectos da negritude. Várias são as tentativas de negar simbolicamente a existência dos negros ou mesmo do racismo nessa sociedade. Onde vale, neste sentido, notar os apontamentos da autora na publicação de sua tese em livro, o que só ocorre em 2021, esta inicia contando acerca do interesse em nomear sua pesquisa com o título "A Cor do Inconsciente", o que não fez devido à polêmica acadêmica que tal feito promoveria; no entanto, pôde realizar na publicação do livro, que tem como título: "*A Cor do Inconsciente: Significações do Corpo Negro*". Apontamos até mesmo para esses 23 anos de certo silenciamento dessa obra tão importante para a psicanálise e para aqueles que se interessam por essa temática. Não foi de total silenciamento, visto que a tese circulou, contudo teria produzido ainda mais efeitos se sua publicação tivesse ocorrido duas décadas atrás.

No início deste livro de Nogueira (2021), em "Apontamentos da Memória", a mesma conta que não era socialmente aceitável se apresentar como uma negra, devendo ela se envergonhar do passado de seu povo que foi escravizado, tendo aprendido que "eu deveria ser uma branca num corpo negro" (p. 12). Conta ter sido Félix Guatarri o incentivador para que falasse acerca de sua negritude e a primeira vez que o fez foi em um encontro latino-americano de psicanálise em Paris, substituindo Guatarri, pois este tinha outro compromisso.

A autora segue contando ter conversado muito sobre a negritude com o psicanalista e no dia do referido evento foi recebida de maneira acolhedora, pois tinha um bilhete de Félix Guatarri, todavia, seus conterrâneos "dirigiram um olhar de espanto e pouco amigável" (2021, p. 13) a ela. Após a fala de Isildinha Nogueira, esta conta que na plateia haviam psicanalistas mundialmente conhecidos e um delas, Radmila Zygouris, dirigindo-se a ela, disse: "Essa fala é você, e tudo quanto a psicanálise ou psicanalistas ainda não pensaram, uma falta" (p. 13). Neste ponto, vale ressaltar ser essa falta mencionada por Zygouris o motor desta pesquisa, afinal, apesar desse evento mencionado e da tese de Nogueira, a sensação é de que a psicanálise e os psicanalistas ainda não pensaram sobre a negritude, devido aqui, não à sua ausência, mas aos anos em que ficaram encobertas suas produções.

A fala de outra psicanalista que ocorreu no mesmo evento, consta no livro de Nogueira (2021), na apresentação feita por Abrão Slavutzky, sendo o apontamento de Françoise Dolto após a apresentação de Isildinha Nogueira, em que diz: "Me perdoe, não tenho o que falar. Sua fala sangra. Sua fala é você, a psicanálise lhe deve isso, temos que pensar sobre isso" (p. 17). Esse encontro que ocorreu em Paris tinha como título "O Psicanalista Sob Terror" e aconteceu em 1984.

Interessante que mesmo após quase quarenta anos desde o evento mencionado acima, parece-nos que a afirmação das analistas, segue atual, tendo ambas apontado para a ausência da questão sobre a negritude levantada por Isildinha, na psicanálise e entre psicanalistas. Neste ponto, há um paralelo com a pesquisadora desta dissertação, posto as reverberações provocadas em eventos de psicanálise. Nogueira (2021) afirma ter seu percurso como pesquisadora e psicanalista mudado para sempre após o já referido congresso, podendo aqui essa pesquisadora dizer o mesmo.

No prefácio que Kabengele Munanga faz para o livro de Nogueira (2021), ele ressalva que quando foi defendido como tese o trabalho da autora era algo inédito, sendo um assunto pouco abordado por psicólogas/os e psicanalistas brasileiras/os e que encontrar uma pós-graduanda negra na USP era algo raro ou impossível. E diz ainda que para ele: "as conclusões se mantêm como se ela fosse realizada hoje, pois trata de um processo complexo do inconsciente cujo controle não temos" (p. 28).

Tais inferências indicam para o silenciamento em que tão importante trabalho foi colocado, por mais de duas décadas, além de seguir atual, apesar do tempo desde sua defesa. Algo que desvela (ou tira a máscara anastaciana) para o silenciamento em que foi colocado, provavelmente, em razão do racismo epistêmico e estrutural que perpassa a academia e a psicanálise no país.

Por outro lado, já iniciando a década dos anos 2000, verificou-se a dissertação de mestrado de Maria Aparecida Miranda (2004), a qual aponta que a pesquisa acerca do racismo ainda estaria distante de psicólogos e psicanalistas brasileiros, para justificar tal fato, cita outro autor (FERREIRA, 2000) que menciona não ter encontrado publicações em psicologia acerca das questões sobre os afrodescendentes entre 1987 e 1997. Tendo encontrado apenas trabalhos em outras áreas do conhecimento. Esse mesmo autor também aponta que em seu silêncio acerca do assunto, a psicologia brasileira não estaria favorecendo a redução da discriminação racial.

Miranda (2004) cita que seu levantamento encontrou três trabalhos oriundos da USP, sendo um deles, a pesquisa citada anteriormente de Nogueira (1998). A autora pontua ainda que lhe parece que tanto a psicologia clínica quanto a psicanálise pesquisam pouco sobre o racismo.

A autora postula que sua pesquisa trabalha com a hipótese "de que a discriminação não é falada porque muitas famílias negras têm internalizadas essas formas de dominação" (p. 19) e esses não têm como repassar aos seus filhos o que irão encontrar no "mundo dos brancos", além de orientá-los sobre se colocar em um lugar que lhe seria devido, algo que indica para uma servidão "natural".

Miranda (2004) conclui que "a escuta do investigador, do analista, a possibilidade da palavra que podem levar à ressignificação" (p. 143). Seguindo nessa perspectiva, Miranda nos diz:

> Verificamos também a possibilidade de rompimento do silêncio ou omissão da psicanálise e dos psicanalistas brasileiros no trato das questões relativas às relações raciais e ao racismo; se esses profissionais forem guiados por uma disposição de "escuta negra", esta poderá levar ao reconhecimento dessa opressão. (p. 144).

Essa afirmação passa por um aspecto importante sobre as questões que levantamos acerca dos silenciamentos, o desdobramento disso, que é: o que pode vir quando podemos falar? Miranda nos aponta que ressignificações são possíveis quando além de se poder falar sobre, temos para quem destinar nossas questões com disponibilidade para escutar, de preferência, por uma escuta que não nega (e não cala) o racismo presente neste país.

Na sequência, vem a tese de 2005 de José Tiago Reis Filho. Este discorre sobre as justificativas e fontes que o mobilizaram na temática de sua pesquisa e afirma ter como questão a fala do negro na clínica e de lhe parecer o fato da questão racial não interessar aos outros analistas.

> Há algo que se cala quando falamos de negro no Brasil. Desse mesmo negro que raríssimas vezes está presente em nossas apresentações, que não participa de instituições psicanalíticas, ou que não sabe o que vem a ser psicanálise. Quando um negro se faz presente nessas ocasiões, é em número inexpressivo. (2005, p. 16).

O autor busca que psicanalistas escutem acerca da questão racial no país e diz ter sido a partir da apresentação de trabalhos acerca do assunto que outros analistas lhe comentaram sobre seus analisantes, assim como outros disseram nunca terem tido um analisante negro, ou outros indicaram não terem se questionado a respeito da questão racial, mesmo no atendimento de pessoas negras.

Reis Filho questiona como se dá o fato de, mesmo negros sendo a metade a população deste país, ter tantos analistas que nunca atenderam sequer um analisando negro. Ou mesmo quando atendem, não se questionam acerca da questão racial. Entre as questões que faz o autor, este articula acerca do sintoma em Freud.

> O sintoma vem marcado pelo recalque e pelo compromisso entre desejo e defesa. Sendo assim, podemos pensar que os sujeitos, negros ou não, procuram análise por motivos outros que não a questão racial e, por isso, não falam disso. (REIS FILHO, 2005, p. 21)

Este reflete ainda sobre a posição do analista na sociedade, sendo que este não poderia estar alheio às questões exteriores, posto que essas chegam ao consultório, independente deste ser público ou privado. Considerando que o sujeito só pode advir através da fala, ao se colocar na posição de mestre, analista ou analisante, inviabilizam a escuta e associação livre. O autor finaliza apontando que um analista não deve se furtar a escutar acerca da negritude, visto que "a travessia deste fantasma é possível" (REIS FILHO, 2005, p. 135).

Entre os aspectos da tese de Reis Filho que mais se articulam ao proposto nessa dissertação, está a convocação aos analistas a se questionarem acerca do que não conseguem escutar social e subjetivamente, este nos parece um marcador importante do que se silencia na produção psicanalítica sobre os racismos experienciados pelos negros no Brasil.

Finalizando essa década, o artigo de 2008 de Guimarães e Podkameni, cujo objetivo é a facilitação da compreensão dos fenômenos psíquicos adversos, que são originados do que os autores nomeiam, como "a relação da nossa sociocultura com a população de origem negra" (2008, p. 118) e para dar-lhes visibilidade. Os autores trabalham com a ideia de que o meio ambiente sociocultural brasileiro provoca experiências afetivas adversas devido ao racismo, à discriminação e à intolerância à população negra. Podendo, assim, perder a devida visibilidade por não serem facilmente observáveis, além de terem a compreensão sobre uma dor psíquica produzida e historicamente silenciada, negada e naturalizada. Esta compromete de diversas maneiras quem por ela é atingido.

Para começar essa próxima década, investigou-se o artigo de 2011, de Maria Helena Indig Teperman e Sonia Knopf. O texto busca fazer um apanhado biográfico sobre Virgínia Leone Bicudo com aspectos de sua vida. As informações foram obtidas através do material mantido pela Divisão de Documentação e Pesquisa da História da Psicanálise da Sociedade Brasileira de Psicanálise de São Paulo.

As autoras apontam que Virgínia, que nasceu em 21 de novembro de 1910, era neta de escravos e imigrantes italianos. O sobrenome Bicudo era do patrão de seu pai, hábito da época, onde ex-escravos, adotavam o sobrenome de seus senhores, devido à falta de um sobrenome de família.

No artigo também consta que seu pai, funcionário público federal dos Correios, tentou várias vezes a carreira de medicina, sendo recusado por ser negro. Virgínia era a segunda filha e recebeu o nome da avó paterna. Após concluir curso primário e médio, habilitou-se para o magistério público, tendo trabalhado por muitos anos em órgãos municipais e estaduais. Em dezembro de 1932, conclui o curso de Educadores Sanitários.

Trecho de uma fala de Virgínia é apresentado, em que ela diz que buscou a Sociologia para esclarecer o que lhe causava tanto sofrimento, tanta dor. Foi em 1936 que ela começou o curso na Escola Livre de Sociologia e Política de São Paulo, ligada à Universidade de São Paulo, compondo a segunda turma. Neste curso, conheceu Durval Marcondes, que era professor e aluno do curso, tendo com ele desenvolvido um trabalho com a psicanálise.

Teperman e Knopf, apontam o pioneirismo de Virgínia em vários aspectos: a única mulher entre os oito bacharéis em Ciência Políticas e Sociais em 1938; autora da primeira dissertação de mestrado sobre a questão racial no país; também a primeira a deitar no divã de Adellheid Kock, psicanalista que veio ao Brasil para realizar as primeiras análises; foi precursora também na divulgação da psicanálise através de um programa de rádio.

A questão racial aparece como algo muito presente do trabalho sociológico de Bicudo, algo que aparenta estar para além de seu interesse intelectual. No artigo, aparecem trechos em que ela conta ser chamada de "negrinha" pelos colegas da escola e diz em entrevista ao jornal Folha de São Paulo ter buscado a psicanálise para aliviar seu sofrimento e que "desde criança sentia sofrimento de cor" (p. 71).

Virgínia Leone Bicudo esteve no momento do reconhecimento oficial do Grupo Psicanalítico de São Paulo, quando este se tornou a Sociedade Brasileira de Psicanálise de São Paulo, e nesse primeiro quadro de diretoria foi a tesoureira. Esta passou cerca de cinco anos na Europa estudando psicanálise com os analistas mais significativos da época, como Melanie Klein, entre outros. No seu retorno para o Brasil, além de conseguir trazer grandes psicanalistas para seguir na divulgação da psicanálise no país, também se mudou para Brasília para auxiliar na fundação da Sociedade de Psicanálise de lá. Ela atendeu em clínica até os anos 2000 e faleceu pouco antes de completar 93 anos em 2003.

A tentativa de trazer um breve resumo deste artigo se dá pelo fato de que, neste caso, o silenciamento se deu também sobre a figura de Virgínia, mulher negra representante de tantos pioneirismos para a psicanálise no Brasil, assim como para a divulgação dela no país. Como ou por que demoramos tanto para conhecer essa psicanalista tão importante? Apenas a partir dos estudos sobre racismo e psicanálise é que tive o privilégio de saber de sua tão importante existência. É importante demarcar também que a busca de Bicudo na psicanálise envolve essa dimensão anastaciana, já que encontra deitando no divã, no estudo, pesquisa e transmissão da psicanálise uma forma de poder lidar com esse silenciamento que nela gritava. Um espaço para poder falar do sofrimento da cor.

A tese do ano de 2012, de Eliane Silvia Costa, explica que historicamente no Brasil, os sujeitos negros e rurais passam por constantes processos de desigualdades materiais e simbólicas. A autora escolheu pesquisar uma comunidade negra rural do Vale do Ribeira, o quilombo Maria Rosa, situado em Iporanga, pois este foi o primeiro quilombo paulista a receber o título de domínio de uso de terras. Ela aponta, baseada em diversos autores, acerca de uma "imposição política de não se falar em racismo" (2012, p. 248) e, citando Cida Bento (2002), reflete sobre o fato de ao se falar sobre racismo, este ser um problema dos negros, articulando isso ao pacto narcísico da branquitude, postulado por Bento, considerando que esse silenciamento se dá para que brancos perpetuem seus privilégios.

> Não é de bom tom falar sobre. Fala-se não falando. Fala-se por meio das diferenças culturais e das de classe para, quiçá, proteger uma ideia de nação inclusiva racialmente, para manter a não responsabilização do branco no processo de discriminação racial e, com isso, a conservação dele nas situações de privilégio material e simbólico (Bento, 2002), ou, quem sabe, para a obtenção contínua de um prazer pela destruição do outro (Endo, 2005). Negar a existência do racismo tem função política, a de deixar tudo do jeito que está. (COSTA, 2012, p. 249).

A autora aponta que a maioria dos quilombolas são negros, mas há "quase brancos" e, tal qual no Brasil, no quilombo também pouco se conversa acerca do racismo, o que vem sendo questionado gradualmente.

> Se, hoje em dia, alguns dos *maria rosenses* falam sobre racismo e sobre ser negro, de maneira geral, essa não foi uma fala fácil de ser feita. Com exceção daqueles que em casa, na escola ou em outros lugares aprenderam qualidades positivas sobre o negro, muitos ainda sofrem ao entrar em contato com temáticas associadas à negritude. (COSTA, 2012, p. 254).

Esse é um aspecto bem interessante dessa tese, apontar que mesmo entre quilombolas há silenciamento acerca do racismo. Evidente não ser possível generalizar que em todos os quilombos isso ocorra, contudo, parece-nos um desdobramento peculiar desse "não dizer" sobre o racismo mesmo nesse grupo originário e nomeado a partir dos escravizados fugidos de seus donos. Quilombos são lugares de resistência negra e, talvez, não alheios as mazelas simbólicas do racismo estrutural.

Em 2013, outro artigo com relato biográfico sobre Virgínia Leone Bicudo, de Maria Ângela Gomes Moretzsohn. O artigo de Moretzsohn, cita na nota de rodapé referente ao seu título, a pesquisa de Maria Helena Indig Teperman e Sonia Knopf (2011), mencionada anteriormente. E refere em seu texto sobre a origem familiar de Bicudo, traz além do relato, várias imagens, dentre elas muitas fotos de Virgínia, mas também de seus familiares e amigos.

A autora alude, entre outras coisas, sobre o início da trajetória profissional de Virgínia, e do momento em que ela e Lígia Amaral, como educadoras sanitárias, participam da Revolução de 1932, onde prestaram serviços ligados à Cruzada Pró-Infância. Aponta a busca de Leone Bicudo pela Sociologia, no intuito de esclarecer acerca de seu sofrimento.

Após a formação em sociologia e o mestrado, com dissertação pioneira sobre as questões raciais, Virgínia se tornou mais ativa e produtiva em relação à psicanálise. O artigo também traz a resposta desta a um convite que recebeu de Francesca Bion para ir à Los Angeles, ao que a psicanalista responde agradecendo o convite e dizendo que adoraria visitar os amigos, contudo não pode ficar longe do trabalho e se sente receosa em função do preconceito racial dos americanos, acreditando que poderia estar em risco antes de chegar à casa da amiga. As questões raciais aparecem em vários momentos na vida de Virgínia, em suas cartas e nas entrevistas concedidas por ela.

Além da descrição, o artigo também traz a foto do grupo, juntamente com Bicudo, que iniciou a Sociedade Brasileira de Psicanálise de São Paulo, onde ela foi tesoureira, no primeiro momento, mas teve outros cargos, como: na direção, secretária, supervisora, analista didata, professora e diretora do Instituto Durval Marcondes. Lígia Alcântara do Amaral, colega de Virgínia quando educadoras sanitárias, ingressa no grupo da psicanálise e com ela vive um episódio em que são chamadas de charlatãs em um Congresso de Saúde Metal de 1954. Para Bicudo, foi uma experiência horrível, porém Amaral não se sentiu da mesma forma.

Moretzsohn aponta que, em 1944, após cindo anos de análise didática, a atividade clínica de Virgínia inicia, durando essa, em torno de 56 anos. De 1955 em diante, ela se tornou analista didata e supervisora, marcando, ao menos, duas gerações de profissionais. Além de ter divulgado cientificamente a psicanálise nos meios de comunicação da época, e ainda, realizado inúmeras palestras, cursos e entrevistas.

Nos anos em que esteve em Londres seguiu em comunicação com o Brasil e por lá, foi em busca da formação com Winnicott e teve boa proximidade com Melanie Klein, o artigo traz o convite de Klein a Bicudo para um chá britânico em 1958 e agradecendo as adoráveis rosas que Virgínia mandou a ela em razão de seu aniversário.

Em 1960, estava de volta e foram anos de muito trabalho tanto no consultório quanto nas diversas atividades relacionadas à divulgação e formação psicanalítica. Sendo entre 1967 e 1970 diretora editorial da Revista Brasileira de Psicanálise e colaboradora do Jornal de Psicanálise, como redatora. Participou ainda de vários seminários, congressos e jornadas. Se envolveu com o movimento psicanalítico da América Latina, onde se correspondeu frequentemente com os colegas da região.

Esteve entre Brasília e São Paulo, entre 1970 e 1993, onde deu aula na UnB e trabalhou para o que viria a se tornar a Sociedade de Psicanálise de Brasília, onde colaborou para as estadas de Bion no país, sendo suas casas de São Paulo e Brasília, ambientes abertos aos amigos. Foi na casa da capital que faleceu a mãe de Bicudo em 1982.

Virgínia faleceu em 2003, tendo parado com a clínica apenas três anos antes. Moretzsohn apresenta em seu artigo a imagem da carta que a psicanalista deixou, onde consta:

> À minha Família: Mãe e Irmãs e Irmão, solicito fazer cumprir meu desejo de ser incinerada em lugar de ser enterrada. Este desejo está baseado em meu medo de pensar sobre o corpo sem vida. O corpo sem vida retorna ao mundo inorgânico e em lugar de tomar espaço em cemitério é mais inteligente que seja transformado em um punhado de cinzas atirado à terra. Sejamos razoáveis. Estaremos sempre juntos!

Somos da natureza. São Paulo, 22 de dezembro 1983.
Virginia Bicudo. (Moretzsohn, 2013, p. 227).

Como dito anteriormente, trazer a história de Virgínia se faz, mais uma vez com a questão do porquê de ter sido invisibilizada por tantos anos, bem como de sua importância enquanto intelectual brasileira e psicanalista negra. Saber mais da história da psicanálise no país para não seguirmos silenciando tanto sobre nossas mazelas quanto sobre pessoas potentes e revolucionárias como ela.

"Não somos racistas: uma contrarreação calcada em "A negativa" freudiana", do ano de 2014, de Mariana Leal de Barros. Um texto construído todo em correlação com a perspectiva acerca do silenciamento em relação ao racismo no Brasil em uma leitura psicanalítica. Devido a isso, segue um breve resumo.

O texto traz uma reflexão sobre o título de um livro do jornalista Ali Kamel, nomeado "Não somos racistas". Leal de Barros aponta que a intenção não é realizar uma análise do livro, mas buscar uma reflexão sobre o título da obra articulada ao texto "A negativa" de Freud (1925/2006).

Esse texto de Freud traz a perspectiva de que em análise, uma frase que começa por "não", pode significar uma afirmação. Aponta a autora que a negação ou a denegação aparecem em vários outros textos da obra freudiana, além do já mencionado. Como em "O homem dos ratos" (FREUD, 1909/2006), onde é possível perceber que a negação acontece à medida que o analista se aproxima do núcleo que origina os sintomas do sujeito.

A autora aponta que em 1925, Freud faz referência em relação aos obsessivos cuja função intelectual se dissocia do aspecto afetivo e se tem conhecimento do que está reprimido através da negativa, encobrindo assim a afirmativa, sendo assim a negativa uma "suspensão da repressão", mesmo que não represente o que foi recalcado como algo aceito.

O texto refere que seu objetivo não foi se aprofundar na obra de Ali Kamel, já citada, mas comenta que a "tese" apresentada no livro é de que não existe na sociedade brasileira algo institucionalizado que impeça o negro de ascender, propondo não haver um racismo estrutural e se tivesse racismo, seria em relação aos pobres. Leal de Barros assinala que o autor é traído por seu dito, por ser no "não" que o inconsciente se revela, pois segundo Freud, essa negativa marca algo que o sujeito preferia reprimir.

A autora levanta a reflexão sobre o que estaria por traz de frases como essa de Kamel, que também representam um pensamento coletivo, se a negação seria em relação ao racismo ou ao negro? Pergunta ainda o que se revela e o que se nega, mas essa temática é ampla e densa, não sendo respondida nesse trabalho.

Uma análise sobre a capa do livro também se apresenta na relação com a reflexão proposta, pois o não vem em letra vermelha e o somos racistas em preto, num fundo branco. Diz a autora que esse parece praticamente um ato falho, pois o que se destaca é "somos racistas" e o que seria interessante se a ideia fosse ser irônico. Ali Kamel traz a ideia de que o Brasil é um país mestiço, onde não existe o racismo pela cor das pessoas; e ainda afirma que políticas de ação afirmativa contribuem para institucionalizar diferenças inexistentes.

A autora faz o contraponto citando autores que refletem sobre esse "racismo à brasileira" – como Munanga (2007) – que é um racismo velado, bem como a falácia acerca da "democracia racial". E cita não ser a intenção debater sobre o racismo ou as políticas afirmativas, mas "cotas nas universidades, já alcança sua parcela de vitória mínima justamente por trazer ao dito o não dito que interpela os corpos em nefasto silêncio" (p. 121-128).

Tal qual o paciente de Freud que diz não ser a sua mãe no sonho, apontando para uma afirmação, Ali Kamel diz "Somos racistas", na capa de seu livro. A negação se dá, pois o sujeito não suporta admitir ou refletir sobre o que lhe faz questão. "Não sendo possível lidar com o estranho, melhor recalcar, esconder" (BARROS, 2014, p. 127). Nisso, o reprimido se revela na negação. E nesse caso, não é algo apenas do autor do livro, mas de uma construção social sobre o assunto.

Tomei conhecimento desse livro, que o artigo de 2014 comenta o título, através do livro de *Kabengele Munanga, Rediscutindo a Mestiçagem no Brasil – identidade nacional versus identidade negra* em sua nova edição de 2019, no qual o autor se propõe a reler a primeira edição que é de 1999, inserindo, desse modo, novas análises. Bem como, respondendo às questões levantadas por alguns autores, entre eles, o livro já citado. Nos diz Munanga (2019):

> Em seu livro *Não somos racistas: uma reação aos que querem nos transformar numa nação bicolor*, Ali Kamel é claramente contra as políticas de cotas, nas universidades públicas. Ele se baseia nos seguintes argumentos: as cotas, ao beneficiarem negros, anulam a existência dos pardos, que, segundo as estatísticas, são numericamente superiores aos chamados negros. A sociedade brasileira, que é multicolor, é transformada em uma sociedade bicolor composta de brancos e não-brancos, sendo todos os não-brancos de várias cores reduzidos a uma única cor: a cor negra. Ele faz uso do argumento já conhecido de que as raças não existem cientificamente.
>
> Ao dividir os brasileiros em brancos e negros, essa divisão vai, segundo Kamel, trazer à tona o racismo que segundo ele não existiria na sociedade brasileira, comparativamente aos Estados Unidos e à África do Sul. Para ele, as maiores vítimas das políticas de cotas são os pardos e os brancos. (p. 146).

Parece-nos que a pertinente análise sustentada em A negação de Freud (1925), que Barros (2014) faz apenas do título da obra, realmente diz muito sobre ela. Negar a política de cotas, defendida pelo professor Munanga, além de tentar encobrir o que aparenta ser algo de um racismo no pensamento de Ali Kamel, também busca evitar qualquer reparação aos negros e negras deste país. O que é curioso é o fato deste último também ser o responsável por todo o jornalismo da maior emissora deste país. Já que a ideia é falar acerca do silenciamento e de quem pode ou não falar, muito nos parece ser dito com esses dados da realidade.

De 2015, temos a tese de Ana Paula Musatti-Braga, que parte de uma experiência com grupos de conversas em uma escola pública, para uma pesquisa em que busca ouvir as mães daqueles alunos. Do início desses encontros com essas mulheres, surge, entre outras questões, o marcador racial, pois se tratam de mulheres pretas. Muitas questões e pontos interessantes são levantados pela autora, mas aqui vamos apontar algumas questões acerca do silenciamento do racismo em relação à psicanálise levantados por ela.

> Os poucos trabalhos que eu fora conhecendo sobre as mulheres negras pertenciam ao campo da psicologia social; como se a afirmação, pela psicanálise, de que o inconsciente e o psiquismo não têm cor bastasse para justificar uma escassez no campo das pesquisas psicanalíticas sobre o tema. Foi do meu encontro com *Silvana* que essa afirmação começou a me parecer não só insuficiente, mas relacionada à "flácida omissão com que a teoria psicanalítica tratou, até então, este assunto" (COSTA, 2003, p. 152); omissão esta que não poderia passar despercebida. (Musatti-Braga, 2015 p. 22/23).

A autora refere que lhe parece que os psicanalistas, com exceção de alguns, foram coniventes com o apagamento "numa produção teórica que toma as mulheres brancas e com alto poder aquisitivo como objetos de estudo, mas que comumente as nomeia como *as mulheres brasileiras*" (p. 24, grifo do original). E apagamento também da produção teórica das psicanalistas negras brasileiras.

Na parte II de sua tese, no capítulo intitulado "Sandra: Sobre a invisibilização das mulheres negras brasileiras", Musatti-Braga faz um compilado de falas de entrevistados de Virgínia Bicudo para sua dissertação, um trecho de entrevista do rapper Emicida, um trecho de análise que Isildinha Nogueira apresenta em sua tese e um relato de uma jornalista, como exemplos diversos, de 1940 a 2014, para exemplificar a invisibilização, apagamento, isolamento de pessoas negras no Brasil no decorrer dessas décadas. Esta faz essa introdução para trazer a fala de sua entrevistada, sinalizando que o silenciamento e o apagamento indicam para um lugar-comum experienciado ao longo de muitos anos neste país. Faz uma contextualização desse marcador fenotípico que distinguem brancos e negros, produzindo "posições discursivas bastante diferenciadas" (Musatti-Braga, 2015, p. 52), posto que nesse país as diferenças entre estes se dá pela aparência e não pela descendência, como em outros países.

> Não fosse a escuta de tantos outros depoimentos a que tivemos acesso através de pesquisas anteriores sobre negros brasileiros, alguns destes reproduzidos no início deste capítulo, e outras tantas falas que pudemos escutar quando da nossa pesquisa, poderíamos ter a falsa impressão de que essa *invisibilização* seria monopólio do universo escolar ou uma dificuldade individual de *Sandra*. No entanto, quando escutamos a queixa de *Sandra* inscrita na rede discursiva, acreditamos que aquilo que ela aponta da postura dos educadores, longe de ser um funcionamento exclusivo dela ou, ainda, desta escola ou das instituições de ensino, seria uma reprodução, no universo escolar, de um discurso de dominação e humilhação social. (Musatti-Braga, 2015 p. 54).

Poderíamos articular esse trecho da tese apresentada, ao livro de Silvio Almeida[5], "Racismo Estrutural" (2019), em que este aponta serem os eventos racistas, como algo da estrutura da sociedade e não exceção de um comportamento, ambiente ou pessoa, sendo a manifestação normal dessa sociedade. Tanto os trechos apresentados na introdução do capítulo de Musatti-Braga, quanto a percepção da entrevistada mencionada acima, corroboram nessa articulação de que o racismo experienciado pelos negros no Brasil, não é algo apenas de uma experiência individual, mas se estabelece em todas as estruturas dessa sociedade. Tanto produzem episódios diretos, como isso que estamos buscando evidenciar nesta pesquisa do silenciamento de pessoa, produção acadêmica, dados históricos, ou até tentativa de apagamento da negritude, isto se dá em sua relação direta com o racismo.

Outro subtópico, presente no capítulo já mencionado, da tese de Musatti-Braga, é "O silêncio da psicanálise sobre a negritude e a condição social: autores incolores e daltonismo nas pesquisas" (2015,

---

[5] Silvio Almeida foi empossado em janeiro de 2022 como Ministro de Estado dos Direitos Humanos e da Cidadania.

p. 65), em que ela inicia citando uma pesquisa de Munanga (2004) acerca da bibliografia sobre o negro no Brasil, onde este aponta ter pouquíssimas pesquisas nas áreas de psicologia e psicanálise, nas quais este encontrou menos de 50 trabalhos em relação à temática e na USP, apenas 10. O autor se questiona se o mito da democracia racial poderia ter influenciado no silenciamento desta temática, "deixando os pesquisadores insensíveis à importância e magnitude do tema do racismo" (2015, p. 66).

> Seguindo o caminho dessa indagação, acrescentamos que um dos motivos para essa escassez de produções poderia ser o receio, por parte dos analistas, de transformar traços identificatórios como "as mulheres negras", por exemplo, em traços identitários concebidos como categorias fixas e homogêneas. Esse receio, no entanto, de essencializar as marcas identificatórias contingentes, embora justificado, não serviu de impedimento para tantas publicações psicanalíticas sobre "as mulheres na pós-modernidade", "os adolescentes", "os toxicômanos", "as crianças adotivas", "os melancólicos", "as novas configurações familiares" etc.; publicações que não necessariamente consideraram esses sujeitos como uma massa indiferenciada. (Musatti-Braga, 2015 p. 66).

Esses pontos levantados se relacionam com a questão principal dessa pesquisa, quais as pesquisas na intercessão do racismo com a psicanálise em um recorte de 40 anos, trazendo como suposição que talvez fossem poucas pesquisas, devido ao não contato da pesquisadora com esse assunto em mais de uma década desde o início do curso de psicologia, seguindo por vários anos de estudos na psicanálise. Nesse viés, vale ressaltar que mesmo quando um assunto não se relaciona aos interesses de estudo de alguém, difícil estar tanto tempo em um ambiente, como esse ambiente de transmissão e divulgação da psicanálise, e nunca ter ouvido falar, mesmo que sem profundidade, em algum momento. Poderia trazer como exemplo a questão do antissemitismo, posto que nunca foi um tema de interesse, nunca estive envolvida na cultura judaica, e é provável que me falte muito conhecimento e até informação a respeito, mas por diversas vezes ao longo desses anos, houve contato com distintas palestras, seminários, transmissões, textos, livros que abordavam essa temática. E, nesse exemplo, também temos a questão da discriminação, do horror à diferença e do apagamento, simbólico e literal, do outro. Tenho neste ponto, algo que captura nessa relação, do genocídio dos outros é possível discorrer longa e profundamente, mas sobre o nosso não? Será que isso se relaciona com quem fala?

Musatti-Braga (2015, p. 67) traz um outro ponto acerca dessa questão:

> Diante desta ausência e deste silêncio da psicanálise sobre esse tema, podemos ainda imaginar outro suposto argumento: pela nossa configuração social, racial e econômica, a procura destes pacientes pela clínica psicanalítica seria muito menor do que a procura da população de ascendência europeia, branca etc. Assim, as publicações e estudos versariam somente sobre a clientela majoritariamente atendida e se voltariam basicamente, ainda que não de forma explícita, à população branca, classe média ou média alta.

E a autora segue apontando que não, visto que a psicanálise está inserida nas diversas instituições públicas, além de trazer como referência outra tese de 2005, citada anteriormente, em que o psicanalista diz sempre ter tido pacientes negros, mesmo que considere a perspectiva econômica como podendo ser uma questão (vale indicar que este refere ser um homem negro). A autora correlaciona com pontos já mencionados da pesquisa de Reis Filho (2005), sobre os analistas não se questionarem acerca das questões raciais. Considerando também, a possibilidade de analistas e analisandos estarem, na estrutura social, em lados opostos, o que corrobora para o silenciamento, sendo esta não por uma questão teórica, mas por uma "*invisibilidade* do negro na clínica e nas pesquisas por conta da maioria dos psicanalistas também tomarem o branco como paradigma da condição humana" (p. 68).

O subtópico seguinte tem como título: "Psicanalistas negras esquecidas e silenciadas: apagamentos sucessivos de uma mesma cor", vem refletir acerca desse apagamento que já vem sendo apresentado nesta pesquisa, inclusive em textos desse resultado de pesquisa, mencionados anteriormente.

O texto começa falando sobre algo da experiência de Isildinha Baptista Nogueira (sendo o segundo trabalho apresentado nessa exposição), onde essa ouviu de Radmila Zygouris e Françoise Dolto, que estas pediam desculpas por nunca terem pensado acerca da questão dos negros, especialmente a partir da psicanálise.

A autora segue sinalizando que não só pesquisas sobre as subjetividades de pessoas negras foram silenciadas, mas também as produções de psicanalistas negros e negras. Não esquecendo, apenas, do objeto de estudos, outrossim, das autoras negras que haviam se debruçado sobre a temática.

> [...] podemos dizer que esse silêncio da psicanálise brasileira sobre o negro tem consistido num duplo *silenciamento* e *apagamento* sobre os negros e negras, seja como autores, seja como temática relevante. (Musatti-Braga, 2015 p. 71).

Esse é um ponto deveras importante, tendo em vista que se apresentou como questão a partir da experiência desta autora. Sendo produtor de indagação, inicialmente subjetiva para, posteriormente, se colocar como questão de pesquisa motivadora deste trabalho, pois a vivência, até determinado momento, apontava para inexistência da questão racial em relação aos negros no Brasil à psicanálise, bem como, a ausência de pares e autoras/autores negras. O quanto desses silenciamentos se faz a partir de uma construção histórica que aponta para a negação de questões raciais no país, contudo tem como efeito nefasto a ausência simbólica e imaginária de psicanalistas negras e negros, o que emite a mensagem de não-lugar, como se não pudéssemos estar ou falar acerca dessa temática.

Até aqui, parece-nos que esse evento produtor de silenciamentos foi muito bem-sucedido, não obstante se faz necessário falar em demasia, repetir, para elaborar o que parece ter de recalcado em tantos silenciamentos.

Na sequência, Musatti-Braga (2015), apresenta Virgínia Bicudo, Neuza Souza e Lélia Gonzalez, onde essa última, apesar de não ser psicanalista, aparece como mais uma autora negra silenciada e apagada, haja vista a importância de sua produção acerca da questão racial em sua articulação com a psicanálise. Sobre Lélia, a autora diz que "ela soube apontar claramente a presença da cor na questão das mulheres e das mulheres na questão da cor, valendo-se para isso tanto das articulações da sociologia, como da teoria psicanalítica lacaniana" (p. 78). Vários são os conceitos criados por Lélia, sendo extremamente relevante sua produção para a reflexão das questões raciais no país. E para a psicanálise, visto que Gonzalez participou da fundação do Colégio Freudiano do Rio de Janeiro. Tendo estado na fundação Movimento Negro Unificado contra a Discriminação Racial e do *Nzinga* – Coletivo de Mulheres Negras. Uma mulher imprescindível para a história do país, em especial em relação às questões raciais.

> O reconhecimento de Lélia Gonzalez é inquestionável dentro da militância negra feminista, tanto assim que seu nome aparece em diversas homenagens. O mesmo não se pode dizer da psicanálise, já que não é possível encontrar seus artigos nem nas publicações sobre o feminino, nem nas publicações sobre o racismo e a negritude. (Musatti-Braga, 2015 p. 79).

Musatti-Braga inicia outro subtópico nomeado de: "O escravismo e a tentativa de 'passar em branco'" (2015, p. 86), com um trecho do Hino da Proclamação da República, em que aparece algo sobre não se acreditar que houvesse escravos neste país. Este trecho, já mencionado nesta pesquisa, no capítulo "Racismo à brasileira", apontando como na tese, para essa tentativa de apagamento que o estado brasileiro tentou empreender. Tentativa de apagamento ao sofrimento infligido aos negros, bem como a implicação absoluta da colônia brasileira em tal horror e todas as repercussões causadas após séculos de exploração dessas pessoas. Silenciar sobre isso também tem como motivação se eximir de buscar reparar material e simbolicamente os sujeitos que foram explorados por tantos anos.

A tese, que vem sendo mencionada, traz, como aponta em seu título, contribuições muito significativas sobre perspectivas clínico-políticas da psicanálise sobre mulheres negras. Diria que não só sobre mulheres negras, mas interessantes apontamentos acerca das questões raciais e sua articulação com a psicanálise no Brasil.

Em 2015, também temos o artigo de Eliane Silvia Costa, oriundo de sua tese de 2012, apresentada anteriormente nessa exposição. Este aponta que, através da psicologia, busca a compreensão de aspectos subjetivos, socioculturais e histórico-políticos para refletir sobre o racismo contra os negros, além de buscar situações relacionadas à educação apontadas pelos moradores do quilombo Maria Rosa, que fica localizado no vale do Ribeira-SP. São utilizados os conceitos de enquadre e metaenquadre, tendo sido o primeiro teorizado pelo psicólogo social José Bleger, e o segundo, que é uma ampliação deste primeiro, conceituado por René Kaës, teórico da psicanálise dos laços sociais.

Conforme a autora, "enquadre são as constantes, os marcos, as normas que possibilitam as ações, os comportamentos dos sujeitos" (Bleger, 1988 *apud* Costa, 2015, p. 148). Que considera ser a identidade configurada, total ou parcialmente, pela conformidade com um grupo, um partido, uma instituição, uma ideologia. Além do enquadre, também há o metaenquadre, sendo: "um enquadre de fundo, preexistente e que o determina" (Costa, 2015, p. 149).

Nesse âmbito, Costa (2015) considera que, no Brasil, "o racismo é um dos metaenquadres ideológicos que estruturam os mais variados âmbitos da vida" (p. 150) de todos os habitantes do país. E, ainda, é um violento metaenquadre contra o negro e o indígena, mas para o branco, é um metaenquadre facilitador.

Nessa perspectiva, a norma era o negro ser objeto de compra e venda, para ser utilizado como força de trabalho produtora de lucro. Assim sendo, naquele momento, o metaenquadre diferenciava quem era objeto e quem era gente, quem tinha de trabalhar e quem administrava o trabalho. Já com a abolição da escravidão em 1888, tendo mudado o metaenquadre, onde o negro passou de objeto e força de trabalho para livre e inferior. Em um terceiro metaenquadre, com a República e a primeira Constituição de 1891, negros, juntamente com indígenas, mulheres e analfabetos, não tinham plenos direitos, isto é, não podiam votar.

Costa (2015) afirma, ainda, que em 1988, a partir da Constituição Cidadã, juridicamente, o negro e todos os brasileiros são sujeitos com igualdade de direitos, sendo essa uma possibilidade graças as reivindicações, entre outros, do Movimento Negro Brasileiro. No entanto, apesar de democrático, o país segue sendo uma nação desigual. Posto isso, é de suma importância debater acerca do racismo constantemente.

A pesquisadora traz, ao final do texto, trechos oriundos do seu campo de pesquisa (no qual entrevistou Lina e Ricardo), para o doutorado, onde busca refletir sobre como a educação tem potencial de contribuir para "colocar o racismo em xeque" (p. 155). O mesmo ocorre com Lina, uma vez que ela compreende o que é ser uma mulher negra, através de um curso que ocorreu em função de uma política pública onde um dos professores era africano, o que a marcou profundamente. Além da ida ao Museu Afro-Brasileiro, possibilitando a Lina, entre outras coisas, mudar sua percepção acerca das religiosidades africanas.

Por outro lado, Ricardo descobre tudo que foi construído pelos seus ancestrais, bem como reflete sobre o quanto estes sofreram. Costa (2015) afirma que:

> Conhecer as informações sobre a história do negro, principalmente sobre as resistências e conquistas adquiridas, é uma necessidade política e psíquica. Possibilita-lhes não apenas conhecimento e possibilidade de mobilidade social, mas também acolhimento psíquico. (p. 160).

Temos também dona Preta, que aprendeu muito sobre o povo negro e indígena da região do quilombo onde residia com os familiares. Tendo aprendido desde os ritos antigos, até sobre os remédios para curar diversas doenças, ritos para acelerar a recuperação no pós-parto, e sobre artesanatos e outras maneiras de sobrevivência. No EJA, pôde aprender a ler e escrever, fazendo este segundo com dificuldade.

A autora termina seu artigo refletindo acerca das políticas públicas e educacionais para provocar discussões e aprendizados importantes nessa perspectiva acerca das representações sociais.

> Quando a política pública alinha-se a um posicionamento ético, no caso o enfrentamento ao racismo, funciona como ataque ao metaenquadre. Nesse caso, trinca-o, fura-o, esgarça-o e, quiçá, possibilita o estabelecimento processual de outro metaenquadre. Nesse embate, cria (ou pode criar) campos de empatia à dignidade humana, assim com o fortalecimento para novas labutas, dessa vez com mais aliados. (COSTA, 2015, p. 162).

Neste artigo, parece-nos que a autora foca na perspectiva do quanto a educação tem o potencial de ampliar ou modificar a percepção desses sujeitos acerca de sua história. A informação, cultura e educação possibilitam tirar o véu do que está encoberto, silenciado sobre as diversas questões raciais.

De Musatti-Braga e Debieux Rosa (2018), no ano de 2018, temos um artigo que parece ser resultado também da tese de Musatti-Braga (2015). Nesse artigo de 2018, o recorte feito aponta para o que deu início à pesquisa, ou seja, o grupo feito com alunos de uma escola pública. A partir da escuta e percepção dessas relações, a autora busca ouvir as mães desses alunos, e as ouve enquanto mulheres. Algo que emerge dessa escuta são as questões raciais, entre outras questões. No trabalho, há reflexões na articulação com o racismo experienciado por essas mulheres acerca da servidão, submissão e do lugar de resto em que são colocadas socialmente. Nesse contexto, vemos que objetificar os sujeitos também é uma forma de violência e, no discurso social, o lugar de resto e, além de violentar, silencia o sujeito.

O próximo artigo de 2018 é de Sirelli e Maurano (2018), que traz como reflexão a ideia de memória na psicanálise freudiana e sua articulação com a perspectiva de lembrança e esquecimento na cultura.

O artigo referencia o conceito de recalque em Freud e em Lacan, em que, no primeiro, seria sobre manter algo rejeitado e distanciado da consciência e, no segundo, aponta para "esquecer que esqueceu". As autoras fazem uma articulação interessante entre os conceitos e o racismo, onde apontam acerca do banzo, que seria indicação de uma tristeza profunda que acomete escravizados africanos, tristeza por terem sido arrancados de sua terra, origem, familiares. E Blues, ritmo musical oriundo dos africanos escravizados que foram levados para os EUA, pois por lá, eram impedidos de expressar qualquer aspecto de sua cultura de origem e cantavam para suportar o peso da exploração nas atividades laborais. Canto esse que tinha um ritmo e depois uma letra, que falavam de sua profunda tristeza pelo distanciamento forçado de seu continente.

> Somente pelo acolhimento da falta, e pela possibilidade de uma nova tessitura, é que o evento psíquico pode ser reconhecido como passado; pode ser esquecido, fazendo parte de uma realidade histórica. Tal acontecimento pode ser lembrado e não repetido no presente. Em análise, constituímos um passado, no sentido literal da palavra, que não mais se atualiza e faz do presente uma extensão do que não passou. No âmbito social, várias estratégias de interdição e de tabu conferem a uma experiência os efeitos de recalque, e, assim, o que permanece como interdito perpetua suas raízes na experiência, ou seja, o interdito retorna em ato. Havendo um interdito, há a negação de algo que se afirma, e, logo, há a impossibilidade de deixar que a experiência germine o futuro, produzindo seus efeitos, efeitos de criação, pelos quais uma cultura e um povo podem não ser mais os mesmos, deixando advir um desejo novo.
> (Sirelli; Maurano, 2018, p. 167).

As autoras discutem a impossibilidade de acolhimento da falta, isso sobre o que não podemos falar, ou não podemos reconhecer, tanto suas evidências históricas quanto seus efeitos atuais, impedem que possam advir novos desejos e questões.

Interessante ressaltar o quanto as autoras fazem articulações teóricas importantes, relacionadas às perspectivas dos efeitos do racismo de forma profunda e poética. Quantas produções e pesquisas valiosas apareceram no recorte proposto por este trabalho. Sigamos.

E, para concluir, do ano de 2018, um artigo de Robenilson Barreto e Paulo Roberto Ceccarelli, oriundo da pesquisa de mestrado de Barreto, realizada com alunos da Universidade Federal do Pará, sendo uma estudante brasileira e um outro estudante estrangeiro vindo de Guiné-Bissau, buscando a compreensão acerca do racismo experienciado por estes na universidade e fora dela. A articulação teórica se deu a partir dos relatos dos entrevistados e das diferenças de percepção acerca das questões raciais, e como isso se construiu socialmente, na cultura. A fim de demonstrar essa questão, a seguir, apresenta-se um pequeno recorte da fala do entrevistado de Guiné-Bissau:

> Nós temos um olhar totalmente diferente, um olhar totalmente que eu diria... divergente da forma que é ensinada aqui, porque nós sabemos que a dignidade de uma pessoa não tem que estar atrelada na produção pouca ou em grande quantidade de melanina. Porque quando a gente faz esse julgamento, é um julgamento infame, é um julgamento injusto. É um julgamento de uma sociedade doentia, de uma sociedade desequilibrada. [...]. Porque, aliás, a nossa independência não foi um mero ato político, foi onze anos de luta armada, expulsamos eles, essa história que nós contamos. (Barreto; Ceccarelli, 2018, p. 151).

Os autores concluem que experiências diferentes em relação às questões raciais e identitárias, marcam seus entrevistados de formas díspares, mesmo que ambos tenham experienciado o racismo. Outrossim, o fato da sociedade brasileira negar, silenciar ou não querer ver as questões raciais ou a cultura dos negros, tem repercussões significativas em relação à construção social imaginária desses. Os autores afirmam também que a escuta de sujeitos negros pode possibilitar que estes se insiram como sujeitos desejantes e repercutam como transformadores da realidade.

Para começar essa última década, teremos o primeiro texto dos quatro trabalhos desse ano de 2019, o artigo de Rosa, Binkowski e Souza (2019) que aborda sobre o aspecto público e coletivo do luto, em especial, em relação às mulheres em seu processo de tornar-se negras. O artigo faz uma articulação importante com o texto de Neusa Santos Souza (o primeiro apresentado nessa exposição), e com a tese de Braga (2015), também apresentado anteriormente.

O trabalho aborda aspectos históricos que corroboram e permeiam o racismo no Brasil, e o quanto estes desaguam em um apagamento sistêmico.

> A naturalização do lugar social do negro e da negra nessa lógica discursiva os inscreve, no imaginário e nas relações sociais, sob o signo da inferioridade, inclusive apagando qualquer traço intelectual, para manter seu destino social de servir e justificar o seu alijamento do mercado formal de trabalho, do estudo e da participação na formação social do Brasil. (BINKOWSKI; SOUZA, 2019 p. 88).

Estabelecida essa lógica que sustenta a exploração, mas também silencia, aliena, apaga esses sujeitos negros da sociedade. Rosa, Binkowski e Souza (2019) abordam sobre o discurso colonial e laço social, posto ser a partir do discurso que o sujeito se posiciona no laço social, os atravessamentos históricos e sociais marcam os sujeitos. Sendo posições no laço social que também levam ao sofrimento articulado à perspectiva política e social, favorecendo a um "desamparo discursivo" que decai sobre aqueles que são colocados à margem da sociedade.

O artigo traz o breve relato de um caso clínico de uma mulher negra, no qual se articulam as questões teóricas, com aspectos da vida dela. Onde mesmo tendo conseguido sair de uma condição de violência e vulnerabilidade, não havia elaborado suas dores, que compareciam no corpo. Articulando as questões raciais, a filha desta mulher, tendo acessado a universidade, fazia outros movimentos na busca pela elaboração simbólica de seu lugar social de mulher negra.

Dentre as várias reflexões levantadas no artigo, pontuamos algo dessa elaboração que vem pela fala, mas não só a produzida em análise, mas também essa produzida socialmente. A mulher do caso apresentado viveu uma experiência pública e coletiva por meio da apresentação de sua filha na universidade, onde esta articula sua história, com a História acerca das questões raciais, buscando suspender essa negação do racismo e propiciando novas construções sociais.

Para concluir a exposição desse artigo, uma citação importante que tanto permeia essa pesquisa acadêmica quanto as implicações clínicas da importância de romper com o silenciamento produzido acerca do racismo no Brasil:

> Como psicanalistas que tentam estar à altura de seu tempo, para parafrasear Lacan, precisamos fomentar as invenções de nossos pacientes, registrando e apoiando suas trajetórias psíquicas e sociais, processos que contribuem para rever e repensar as posições clínicas e políticas da psicanálise. (BINKOWSKI; SOUZA, 2019 p. 98).

Nesse contexto, estarmos à altura de nosso tempo, não basta vontade de não reproduzir silenciamentos, opressões ou violências, é preciso estar a par do que se trata. Assim como o tripé da psicanálise não se dá apenas de prática, o conhecimento acerca do racismo no país vem da/s teoria/s.

O próximo artigo, de 2019, é de Arreguy e Montes (2019), no qual, a partir da contribuição de Ferenczi (2011), abordam a temática da educação em sua interface com uma perspectiva de desconstrução da violência desmentida, que seria negada com veemência, recusada, renegada. As autoras refletem significativamente sobre a educação brasileira e suas manifestações de violência em relação a diversos grupos vulnerabilizados, dentre esses, as pessoas negras. Apontam que o racismo carrega esse desmentido, sendo visto como um erro alguém que não pudesse ter um lugar no real. As autoras referem que a tese de Neuza Souza corrobora nesse sentido. O trabalho também cita Gondar (2018), que aborda acerca do racismo à brasileira e de uma fragmentação psíquica a partir desse trauma, que não possui representação, e sinalizam: "Afinal, onde não há reconhecimento, o sujeito não pode vir se representar" (p. 251).

Entre os artigos de 2019, o seguinte é de Gustavo Gil Alarcão (2019), este reflete sobre atravessamentos da escravização, dos preconceitos e da psicanálise, referindo que essa versão do artigo foi escrita a partir de discussões psicanalíticas de um caso clínico e dessa exposição em três lugares diferentes, sendo esses, São Paulo, Fortaleza e Cabo Verde.

Alarcão (2019) conta ter ido em busca de artigos psicanalíticos a partir do descritor "escravidão", tendo feito esta busca através da biblioteca da Sociedade Brasileira de Psicanálise de São Paulo (SBPSP) e, como resultado, obteve sete trabalhos, onde nenhum deles havia sido publicado pela Revista Brasileira de Psicanálise. Já com o descritor "escravo", apareceram alguns textos, porém relacionados a outros tipos de escravos, como do consumo ou do prazer.

O autor faz o relato acerca do caso clínico que entre diversas questões interessantes, aponta que a mulher atendida contou para a psicanalista que lhe atendia ter sido escravizada na infância. Ao relatar trechos do caso em Fortaleza, uma psicanalista negra indaga o autor: "Sou negra e vim aqui porque foi a primeira vez que vi a apresentação de um caso sobre escravidão em um congresso. Mas chego aqui e vejo que nem a cor da paciente foi citada. Posso saber qual a cor de Joana?" (ALARCÃO, 2019, p. 232). Alarcão responde que a mulher referida no caso é negra e que havia esquecido de fazer esse apontamento.

Este relata que lhe suscitaram várias questões acerca deste esquecimento, contudo recorda não ter colocado a cor da analisanda em seu escrito devido a um "ideal de psicanálise".

> Um duplo mal-estar: reeditar o papel de quem escraviza negando um aspecto central na história de Joana e perceber-se escravizado por ideais que nos distanciam do centro de nosso trabalho. (ALARCÃO, 2019, p. 233).

Já no congresso em Cabo Verde, o autor ouve, após a apresentação de seu trabalho, alguém da plateia falar sobre se ater ao que teria de psicanalítico do trabalho e questionar "o que é psicanálise neste relato?" (ALARCÃO, 2019, p. 235). O autor faz algumas reflexões, inclusive a de que avaliações como essas podem vir de perspectivas "superegoicas".

Alarcão (2019) reflete sobre o fato da cor da analisanda só ter sido revelada a partir da escuta de uma psicanalista negra na plateia. E diz: "penso que o silêncio psicanalítico diante da escravização representa a complacência diante das perversões sociais que nos constituem" (p. 236). O trabalho segue com apontamentos sobre a psicanálise nessas nuances, alienação em relação aos assuntos, como a existência ínfima de psicanalistas negros ou pobres no país.

> Assim, é papel da psicanálise problematizar a escravização como processo social, coletivo, institucional, individual e psíquico. As marcas dessa barbárie ainda são vívidas entre nós, e não será com o silêncio que conseguiremos questionar sua perversidade remanescente. (ALARCÃO, 2019, p. 238).

O artigo de Alarcão traz reflexões muito interessantes sobre a questão levantada nesta pesquisa, especialmente porque isso é apontado, ao que parece, por um psicanalista branco (e sudestino), que apesar de ter sido atravessado pelas questões trazidas pela analisanda, mobilizando assim um estudo de caso, alude à sua própria implicação em silenciar acerca da cor daquela mulher, bem como, de uma psicanálise tida como ideal, ao que parece, onde temos os sujeitos como "iguais" ou "sem cor".

Pensando no fato dele, mesmo de seu lugar de "privilégio", ter sido questionado acerca de seu escrito "não ser psicanálise", imagine o que psicanalistas pretas experienciaram e experimentam ao levantar essas questões, mesmo que do ponto de vista da pesquisa e da reflexão teórica? Quase como se, com esse artigo, que expressa a experiência desse autor, pudéssemos, em correlação aos demais trabalhos apresentados aqui, compreender o porquê de tantas décadas sem conhecer os trabalhos e as psicanalistas renomadas que iniciaram esses estudos. Se em meados de 2019 pesquisadores ainda são questionados sobre esse tema, quiçá em 1945, quando Virgínia defendeu sua dissertação, ou em 1983 quando Neuza publicou como livro o resultado do seu mestrado. Pelos idos de 2018/2019, também fui questionada no mesmo sentido, questionada ou criticada, desconsiderada. Sigamos.

Como último artigo de 2019 temos o texto de Faustino (2019), que aborda a partir de uma perspectiva do mal-estar colonial em sua correlação com o racismo e o sofrimento psíquico no país, articulando com autores como Fanon, entre outros. Este refere sobre o recalcamento da temática do racismo na produção teórica relacionada à saúde mental, mas não só nesta área, mas em diversas como ciências sociais e humanas. O autor aponta, apesar disso, para um aumento de pesquisas nessa interface da psicologia com as relações raciais.

O autor cita que Fanon considera importante a proposta psicanalítica de Freud que traz o "sujeito singular para o centro da cena" (FAUSTINO, 2019, p. 85), onde corrobora para a importância de se considerar o contexto histórico e social. Considerando que o sofrimento psíquico dos sujeitos é influenciado por aspectos sociais. Este aponta ainda que na Europa o racismo científico só foi problematizado após ter acontecido em seu território (nazismo).

> Se olhássemos com mais cuidado para a história do Brasil, poderíamos nos perguntar o que representou em termos subjetivos para as diversas populações indígenas aqui existentes verem, geração após geração, o genocídio quase completo – embora nunca assumido como tal – de sua população, cultura, divindades e epistemologias. O que significou para as população africanas, e posteriormente *amefricanas* (Gonzales, 1988) o sequestro em suas terras maternas, a violenta e incerta travessia transatlântica e, sobretudo, a experiência transgeracional da desumanização quase absoluta sob a sociabilidade escravista. (FAUSTINO, 2019, p. 88).

Muitos aspectos da história do Brasil foram/são negados, silenciados e o autor convoca a refletir sobre a necessidade de se debruçar e produzir um debate implicado sobre essas questões para que seja possível romper radicalmente com as lógicas de submissão. Faustino (2019) aponta ainda sobre aqueles que se beneficiaram da exploração, a classe dominante (branquitude), no que concerne a importância de a psicanálise pensar sobre a subjetividade destes.

> Essa histórica e socialmente determinada distribuição desigual da empatia talvez explique a pouca referência ao racismo e aos autores e autoras negras na formação das mais diversas profissões da saúde mental – onde se inclui a psicanálise -, mas também nos alerta para as possíveis implicações à prática desses profissionais, sobretudo, no que tange à tão necessária contratransferência. (FAUSTINO, 2019, p. 92).

Além de corroborar ao que vem sendo apontado nesta pesquisa sobre a pouca produção psicanalítica sobre o racismo vivenciado pelos negros no país, Faustino (2019) também menciona grupos como o Amma Psique e Negritude, que têm atividades voltadas para as questões raciais e onde a população negra busca profissionais *psi's* negros, com receio dos brancos não terem manejo suficiente para lhes escutarem sem reproduzir as opressões presentes na sociedade. O autor indica que se os aparatos de cuidado não estiverem antenados acerca das questões raciais, podem tanto pela omissão quanto pela violência e negação, reproduzirem esses conteúdos. Visto ser um país colonizado de maioria negra, mesmo sem a intenção de reproduzir tal lógica, corre-se o risco de acontecer.

Na exposição dos artigos da década de 2020, lembrando que esse é o último ano do recorte proposto, temos oito artigos. A maior quantidade em um único ano, pelos resultados encontrados. O primeiro deles é de Regina Marques de Souza Oliveira (2020) e traz em seu tema a perspectiva da invisibilização de psicanalistas negras, como Neusa e Virgínia e o racismo na psicologia.

A autora faz um apanhado interessante sobre a vida de Neusa, da cidade onde nasceu na Bahia e da universidade onde fez seu curso de medicina (UFBA), antes de ir para o Rio de Janeiro, cidade onde viveu e trabalhou até seu falecimento em 2008. E faz ainda uma articulação entre a história de Neusa e o início da psicanálise, que se deu a partir do encontro com mulheres em sofrimento, em um hospital em Paris. Oliveira (2020) aponta que, em 1900, no Jardim da

Aclimatação em Paris, uma africana e seu filho foram expostos numa espécie de "zoológico humano", onde estavam atrás das grades. Nesse viés, a autora correlaciona os estudos de Freud e Neusa marcados a partir da história construída dos corpos.

Oliveira (2020) indica que Neusa pôde escutar o sofrimento de pessoas negras, advindos do racismo, tirando assim suas vozes do silenciamento onde foram colocadas tanto individual, quanto socialmente.

> Neusa rompeu com a lógica burguesa dos psicanalistas de um Brasil que se pretendia embranquecido orgulhoso da ideia insana de "democracia racial", terra de igualdade e harmonia. Neusa, assim como Freud, tem a percepção de seu tempo. Ela observa os sentidos do seu espaço latino-americano e situado no mundo. (OLIVEIRA, 2020, p. 52).

Neusa é a primeira psicanalista a se a ver com as repercussões psíquicas causadas pelo racismo em pessoas negras, segundo a autora. Que também relembra Virgínia Bicudo em seu pioneirismo que foi invisibilizada do mesmo modo. E cita outros autores negros "esquecidos" em sua produção intelectual e importância.

Na correlação entre Neusa e Virgínia e seus contemporâneos, a autora afirma que eles não foram esquecidos, sendo homens (brancos, médicos) pares na academia e/ou nas escolas de psicanálise das psicanalistas mencionadas, apesar de estarem tão próximos e em significativo trabalho e produção intelectual. Os escritos de ambas foram invisibilizados, apesar da importância de seus trabalhos.

> Favorecer mulheres negras, torná-las visíveis e reconhecer sua potência humanizante e humanizadora é concordar – e lutar com elas – por um mundo novo, melhor e mais elevado humanamente e socialmente. Preteri-las, é perpetuar o *status quo* que se alimenta das dores das desigualdades e das injustiças e violências perpetradas contra os corpos físicos e psíquicos de todos os seres humanos, sejam negros ou não. (OLIVEIRA, 2020, p. 60).

Oliveira (2020) postula em seu trabalho que ler e citar essas psicanalistas e outros autores e autoras negros é ir contra esse epistemicídio que traz uma lógica de ciência branca. A autora conclui, em seu texto importante, isso que vem sendo apontado desde o início desta pesquisa: tirar do silenciamento é dar vez, voz e espaço para que apareçam aqueles que em seu tempo histórico foram impedidos de dizer. Talvez não literalmente, mas simbolicamente devido ao apagamento que vem sendo referido nos diversos estudos.

O artigo seguinte é de Carlos Cesar Marques Frausino (2020) e aborda a vida e trajetória profissional de Virgínia Leone Bicudo. Destacando seu pioneirismo tanto na sociologia quanto na psicanálise, além de sua importância na divulgação da psicanálise no Brasil. Vale apontar que em nota de rodapé consta que esse trabalho fez parte de uma homenagem à Virgínia pelos 50 anos de fundação da Sociedade Brasileira de Psicanálise de Brasília.

Em seu artigo, o autor mostra aspectos da história de Bicudo que já foram mencionados em outros trabalhos anteriormente neste capítulo. Indicando, entre outros aspectos, seu pioneirismo e um trecho em que a psicanalista refere ter buscado a sociologia e a psicanálise para compreender e lidar com as questões advindas "por causa da cor da pele" (FRAUSINO, 2020, p. 230).

Este reflete sobre a implicação das instituições de psicanálise acerca da temática e cita:

> [...] mesmo após oitenta anos, a questão racial é algo que marca nossas instituições, com a baixa presença de negros. Em 2014, Nosek afirmou: "Ainda hoje é absoluta exceção encontrarmos negros ou mulatos em nossos institutos de formação. Tampouco nos escandalizamos com essa raridade, que também não consta da preocupação de nenhum instituto". (FRAUSINO, 2020, p. 230).

Aponta sobre a importância da pesquisa de mestrado de Virgínia não só por ser a primeira sobre questões raciais na sociologia no país, mas também por articular com as questões de classe e gênero. Indicando ainda que seu pioneirismo se apresenta na relação da psicanálise com questões dos brasileiros. Foi ela que, em 1966, promoveu o lançamento do Jornal da Psicanálise, e 1967 incentivou que se relançasse a Revista Brasileira de Psicanálise, segundo Frausino.

> Além da intensa atuação editorial, idealizando e fundando dois periódicos de psicanálise, Virgínia foi uma fértil autora nas suas profissões e ofícios. A dedicação à escrita e à publicação foi uma das suas características. Na psicanálise, é autora de uma vasta produção bibliográfica, com artigos publicados em periódicos nacionais e internacionais com assiduidade e volume incomparáveis aos da maioria dos psicanalistas de sua época e contemporâneos. No entanto, não há uma sistematização dos seus trabalhos publicados e apresentados em congressos. (FRAUSINO, 2020, p. 233).

Além de tudo que já foi exposto sobre o apagamento, por tanto tempo, dessa intelectual tão importante para a história da psicanálise no Brasil, vale ressaltar desse artigo, essa nuance da produção teórica, editorial de Virgínia. Emergindo, nos últimos anos, a busca por ressaltar seu importante trabalho nessas mesmas revistas que ajudou a lançar, tendo em vista outros artigos já apresentados aqui também dessas sobre a psicanalista, como o artigo seguinte que é da mesma revista e sobre Bicudo.

De Paola Amendoeira (2020) é o artigo seguinte que também traz o nome de Virgínia em seu título e indica correlacionar a história dela com a experiência de Freud, devido ao que este viveu em função de sua origem judia. Ao trazer uma citação feita pelo pai da psicanálise de um relato de seu pai remetendo ao antissemitismo vivido por ele, pontua que "não foi possível a Freud compreender e abarcar na sua teoria metapsicológica e psicodinâmica o impacto do trauma racial e a importância do vértice raça na constituição da identidade" (p. 243).

A autora segue em sua reflexão sobre Freud, na qual aponta que este só pôde concluir a última parte de "Moisés e o monoteísmo" após sua fuga da Áustria, devido à perseguição nazista. E questiona o que Freud teria feito se tivesse analisado seu trauma racial e "a marca do judaísmo no seu modo de ser e ver o mundo?" (AMENDOEIRA, 2020, p. 244). Indicando que não houve tempo para fazê-lo devido à morte deste um pouco depois desta necessária mudança de país (em Londres).

"E, enfim, parece ter chegado o tempo em que poderemos conversar sobre racismo. Porque precisar, já precisamos há muito, desde sempre" (Amendoeira, 2020, p. 244), neste trecho, Amendoeira (2020) contextualiza quem foi Bicudo e exalta sua importância devido ao seu trabalho e pioneirismo, apontando ainda ter demorado 65 anos entre a defesa de dissertação de mestrado de Virgínia que aconteceu em 1945, até seu lançamento em livro que se deu em 2010. Comenta sobre uma tese feita na USP, na antropologia social sobre a dissertação da psicanalista e diz:

> Compartilho de seu interesse, tantas vezes expresso em suas falas, em aproximar as leituras mencionadas às de Grada Kilomba, Achille Mbembe, Neusa Santos Souza, Djamila Ribeiro, Carla Akotirene, Lélia Gonzalez, Isildinha Baptista Nogueira, Silvio Almeida e tantos outros autores e intelectuais que pensam o racismo, a fim de empreender um estudo aprofundado e em intersecção com a psicanálise.
>
> Faço agora um breve mapeamento, fruto de um desbravamento pessoal desse território, indicando as publicações que, para este trabalho, considero as mais significativas. São publicações que nos permitem levantar o véu do apagamento, do silenciamento e do esquecimento. (p. 246).

A autora cita ainda "Mulher negra, essa quilombola", de Lélia Gonzalez (1981); "Tornar-se Negro", de Neuza Santos (1983); "Significações do Corpo Negro", de Isildinha Nogueira (1998); "Branqueamento e branquitude no Brasil" e *"Pactos narcísicos no racismo"*, de

Maria Aparecida Silva Bento (2002); e "Entre o encardido, o branco, e o branquíssimo", de Lia Vainer Schucman (2020), apontando que apenas essa última é uma mulher branca. Amendoeira (2020) questiona quanto tempo para que o os brancos (onde se inclui), conseguissem falar de sua branquitude. E quanto mais para ver Virgínia e articular psicanálise às questões raciais e sociais.

Amendoeira (2020) afirma também que as práticas racistas estão enraizadas inconscientemente e causam danos a todos, além de sustentarem essa dinâmica socialmente. Ressalta a importância que Freud deu à entrada de mulheres como psicanalistas para uma compreensão melhor acerca da sexualidade feminina, apontando para a relevância da diversidade para a psicanálise.

> A partir de agora, pensar psicanaliticamente a complexa dinâmica psíquica inconsciente que sustenta, mantém e perpetua o racismo e a desumanização de vidas é urgente. Isso porque a homogeneização e a massificação não parecem um modelo adequado e favorável ao bom desenvolvimento da humanidade. (AMENDOEIRA, 2020, p. 248).

E conclui com um questionamento feito por outros psicanalistas negros acerca de que psicanálise se quer, considerando os 84 anos que esta completou no Brasil em 2020, bem como o que se pode fazer para ampliar a paleta de cores para que esta esteja mais próxima do retrato mais realista do país.

Pontos muito importantes foram levantados pelo artigo, especialmente no sentido de suspender os silenciamentos, apagamentos gerados por tantos anos dentro da psicanálise às questões raciais tão presentes neste país. Bem como, destaca-se os autores mencionados por Amendoeira (2020), posto serem imprescindíveis para tirar o véu colocado sobre a temática do racismo tida por aqui.

Na sequência, temos o artigo de Christiane Carrijo e Paloma Afonso Martins (2020) que busca relacionar a violência doméstica com o racismo contra as mulheres negras. As autoras realizam uma pesquisa bibliográfica sobre o assunto e uma entrevista com três mulheres negras que foram vítimas de violência doméstica. Numa perspectiva freudiana, pesquisam sobre o conceito de ideal de ego.

Apontam acerca dos dados de violência contra mulher de 2013, posto indicarem ter diminuído os homicídios de mulheres brancas em 9,8% e aumentando em relação às mulheres negras em 54,2%. Referindo esse tipo de diferença em relação a vários dados. As autoras correlacionam os dados às questões raciais, aludindo ao racismo existente na sociedade tal implicação. "No Brasil, a ausência de recorte de gênero e racial em pesquisas na área de Psicologia e Psicanálise sobre o tema da violência é marcante, tal como nos debates políticos e teóricos" (CARRIJO; MARTINS, 2020, p. 3).

Carrijo e Martins assinalam que o racismo, devido a sua violência, destrói a identidade do sujeito negro, estimulando assim, que haja uma certa perseguição ao próprio corpo. Citam Neusa Souza e Jurandir Freire Costa ao abordarem sobre o ideal identificatório do negro e um desejo de embranquecer.

Trazem pontos de convergência entres suas entrevistadas, que são mulheres negras, mas têm dificuldade em se descreverem como tal, bem como baixa escolaridade e perfil socioeconômico, mais de um filho, além de terem sofrido diversos tipos de violência, a começar pelo ambiente familiar. As autoras apontam que elas sofreram racismo, contudo, têm um impasse em nomear tais experiências.

> Reforça-se também a necessidade de políticas públicas que assumam a existência e a violência do racismo, que ajam no sentido de remediar os danos de tantos anos de opressão, e previnam para o futuro. (CARRIJO; MARTINS, 2020, p. 10).

O que se percebe no artigo e é indicado pelas autoras, é que as pessoas pretas, nesse caso, mulheres, mesmo experienciando o racismo por toda a vida e somado a diversos e terríveis tipos de violência, têm dificuldade em se verem como mulheres pretas e como vítimas de racismo. É possível apontar que tal dificuldade não é algo específico das entrevistadas de Carrijo e Martins, mas encontrado em nossa sociedade nos mais diversos espaços e por pessoas de diferentes recortes econômicos e sociais. O que parece unir esse público é o silenciamento social produzido em relação ao racismo e as suas violentas repercussões.

O quinto artigo desse ano de 2020 é de Daniele Menezes, Jefferson Nascimento, Rosa Schechter, Giselle Falbo e Paulo Vidal (2020), o qual reflete sobre o racismo e suas impossibilidades, a partir de uma perspectiva de Kabengele Munanga (2003) que o nomeia como etnosemântico, apontando ter a fala como saída. Os autores iniciam o texto referindo que no Brasil o racismo é um grave problema, mas que pouco se discutia, apesar de pretos e pardos representarem a maioria da população brasileira, o que torna a questão mais acentuada que em outros lugares no mundo. O trabalho destaca também a questão lacaniana que diz acerca do dever do psicanalista em estar à altura das questões subjetivas de sua época.

"Como Munanga nos ensina, o racismo é etnosemântico, ou seja, não se fundamenta nas características biológicas e sim na interpretação que se dá às diferenças anatômicas" (MENEZES *et al.*, 2020, p. 125). Nesse sentido, os autores mostram que, para que o psicanalista trate do assunto, precisa tê-lo como um sintoma do laço social, um sintoma do discurso e não como um sintoma social. Indicam ainda ter Lacan referido sobre um "racismo de discurso", o que situa o racismo a partir de um sintoma do discurso.

Os autores também levantam as particularidades do racismo "à brasileira" e ressalvam a importância de psicanalistas como Neusa Souza e Isildinha Nogueira em suas contribuições psicanalíticas sobre essas questões raciais no país. Bem como indicam a colaboração de outros autores pretos a quem os psicanalistas podem recorrer para saber mais acerca do racismo no Brasil.

E trazem em um último tópico, com o título: "Para finalizar: o que pode falar", onde iniciam que Lacan em um de seus seminários diz que ainda não se ouviu a última palavra a respeito dele, que os autores apontam ser "dele", o racismo. Indicando ainda que para que se possa falar, precisa ter aquele que pode ouvir. Articulando assim a questão trazida por Grada Kilomba (2019) acerca da máscara do silenciamento e suas proposições sobre quem pode falar, o que ocorre quando se fala e sobre o que se pode falar.

Estes seguem fazendo reflexões interessantes a partir de Lacan, Grada Kilomba, Lélia Gonzalez, Neuza Souza nessa lógica sobre o dito em relação ao racismo, ou do que não se pode dizer sobre. E concluem dizendo:

> Tomar a palavra em nome próprio, torcendo a injúria que vem do outro racista, se tornando um novo caminho de chegada com novos significantes.
>
> Temos visto que é possível ao negro falar, como negro. Tornar-se negro é uma tomada de posição que passa pela fala, pelo discurso, passa pela nomeação. (MENEZES *et al.*, 2020, p. 136).

Aspectos relevantes acerca do silenciamento são, mais um vez, apontados nesse artigo, especialmente por trazerem algo que Lacan indica sobre o assunto, mas também articulando autores importantes que levantam essa questão tão cara neste trabalho na interseção entre o dizer e o silenciar, onde só é possível saber acerca das dores falando, bem como de se ver enquanto negro na sociedade brasileira é algo que precisa vir através da fala e de uma sociedade capaz de ouvir, assim como psicanalistas em condições de ouvir sobre o racismo específico deste país.

Como artigo seguinte, temos o trabalho de Maiara de Souza Benedito e Maria Inês Assumpção Fernandes (2020), que tem como proposta a relação do racismo com a psicologia e as repercussões disto na clínica, se apoiando teoricamente na psicanálise. Para esse estudo, foram entrevistadas três psicólogas com intuito de saber delas como as questões raciais aparecem na clínica. Mas antes disso, as autoras fazem um percurso teórico para sustentar suas questões.

Ao longo do trabalho, são apresentados vários trechos nos quais as entrevistadas apontam como o racismo, os silenciamentos, os traumas e violências, advindos destas violências, compareçam na clínica. E refletem que as pessoas brancas não pensam sobre essas questões e apenas pessoas pretas as levam para a clínica. E as autoras pontuam: "A falta de debates é o que mantém as estruturas racistas. O *silêncio* não mobiliza, ele cristaliza" (BENEDITO; FERNANDES, 2020, p. 9). Uma das entrevistadas diz que se trata de um silêncio advindo da dificuldade em lidar com essas questões raciais, devido à falta de conhecimento acerca de nossa história.

Para concluir, Benedito e Fernandes (2020) refletem que a pesquisa foi enriquecedora e que "raça e racismo afetam a prática dos psicólogos, é possível perceber que essa relação carece da dimensão histórica" (p. 13). Indicando o quanto é importante aos profissionais terem conhecimento desta temática para que seja possível atuarem contra o racismo e com responsabilidade profissional.

Este é mais um trabalho de pesquisa que corrobora com a perspectiva de que, apenas rompendo com os silenciamentos do racismo e buscando saber sobre, é possível uma atuação profissional que possa efetivamente dar escuta a essas questões e sustentar para que não sigam se reproduzindo clínica e socialmente.

E, como penúltimo trabalho, temos o artigo de Carlos Alberto Ribeiro Costa, Thayslane Pereira dos Santos Leite, Angelo Marcio Valle da Costa, Julia Sardinha Leonardo Lopes Martins, Claudia Soares Sant'Anna, Daniel Henique Serra dos Santos, Ana Clara Oliveira da Cunha Soares, Renata Magaldi Granato Moraes, Maria Isaura Rodrigues Pinto e Rafael Bordallo de Figueiredo Raposo (2020), que busca uma articulação entre necropolítica e racismo, propondo um debate entre teoria social e psicanálise. Os autores fazem sua análise a partir do contexto da pandemia da COVID-19, refletindo sobre os contextos históricos e o direito de vida e morte no país.

Os autores trazem o contexto pandêmico para reflexão, fazendo o recorte racial e social de quem pode se isolar e de quem precisa trabalhar para sobreviver, ressaltando, nesse aspecto, quem foram as primeiras vítimas fatais do vírus no Brasil, sendo elas porteiros e empregadas domésticas de ambientes de padrão econômico elevado. Correlacionando, assim, a perspectiva racial e o conceito de necropolítica formulado por Achille Mbembe (2016).

No artigo, os autores discutem ainda a chegada da psicanálise ao Brasil, num contexto racista e eugenista, no qual apontam ser esta "vertida pelos médicos e intelectuais da época — uma elite branca e europeizada, para quem soavam promissoras as ideias eugenistas e higienistas" (COSTA *et al.*, 2020, p. 148). Além disso, o trabalho mostra que a psicanálise esteve ligada a esses médicos e intelectuais por certo período.

> A despeito da contraposição, na chegada da psicanálise ao Brasil, entre as matrizes higienistas e modernistas, foi, com efeito, o ideário medicalizado aquele que acabou por se hegemonizar. A invenção freudiana foi se consolidando, em nossas terras, sob o adágio de que está se tratava de um saber mais próximo de uma ciência médica e biológica, neutra e universal – o que recalcou tanto sua potência política quanto o real interesse dos higienistas na utilização distorcida de seus conceitos. (COSTA *et al.*, 2020, p. 149).

Seguem nessa implicação acerca da psicanálise, apontando ter havido um giro, uma mudança a partir de proposições lacanianas de 1970/80, ou seja, a mudança do "analista vazio" para o "analista cidadão". Os autores citam Neuza Souza e Lélia Gonzalez para seguir nessas reflexões, bem como Kabengele Munanga (2019) e Silvio Almeida.

E finalizam indicando que a psicanálise não deve se esquecer de sua história com as marcas de sua chegada no país, chagas racistas, eugenistas. E também que não se esqueça de sua "potência e vocação política, de crítica e transformação da cultura" (COSTA *et al.*, 2020, p. 152). Faz ainda uma importante convocação final, quando diz: "nem por negligência nem ativamente, podemos nos calar diante do racismo" (COSTA *et al.*, 2020, p. 152).

Este artigo traz um aspecto do silenciamento que não apareceu em outros trabalhos até aqui, esta nuance ativamente racista da psicanálise brasileira. Fazem provocações importantes na necessidade de posicionamento antirracista dos psicanalistas. Fica a reflexão se o silenciamento da psicanálise, tão apontado nesta pesquisa, talvez não seja devido à própria história da psicanálise no país, devido aos médicos e intelectuais que hegemonizaram sua prática no Brasil?

O último trabalho de 2020 e desta exposição é de Marta Quaglia Cerruti (2020), que propõe, a partir de uma articulação teórica com Foucault, Achille Mbembe e Freud, a ideia acerca do que é possível narrar sobre a vida, considerando ser esta como sobreviver no inferno. Para isso, o trabalho faz referência e apresenta no texto letras do grupo de rap Racionais MC's.

Além disso, a autora discute os conceitos dos autores numa proposição sobre o racismo no Brasil, por meio da lógica da necropolítica e apresenta vários trechos de letras do grupo de rap nos quais dizem das violências sofridas devido ao fato de serem negros no país e correlaciona a uma possibilidade psicanalítica de falar acerca desse recalcado que é o racismo brasileiro. "Eu não li, eu não assisti/ Eu vivo o negro drama, eu sou o negro drama / Eu sou o fruto do negro drama (NEGRO DRAMA, 2002)" (CERRUTI, 2020, p. 38).

> É dessa maneira que os Racionais MC's se apresentam, fazendo música de um jeito bastante singular, deixando emergir em suas letras aquilo que a cidade insiste em separar com a construção de muros cada vez maiores: o recalcado de uma violência perpetrada por séculos. Da senzala à violência policial ("60% dos jovens da periferia sem antecedentes criminais já sofreram violência policial"); da escravidão à segregação ("nas universidades 2% dos estudantes são negros"); do tronco à morte violenta e arbitrária ("a cada 4 horas um jovem negro morre em São Paulo"). Um horror experienciado diariamente por milhares de jovens, o *negro drama*. (CERRUTI, 2020, p. 39).

A autora faz articulações bem relevantes entre o rap do grupo, o racismo e os construtos teóricos e indica que essas produções musicais tentam recolocar no laço social aqueles que foram colocados à margem da sociedade, condenados à miséria e à violência. Desta forma, negam a desumanização a que foram relegados.

Interessante, mas não proposital, que o último trabalho apresentado neste capítulo que se propõe expor os trabalhos apresentados nesse recorte temporal, 1980-2020, com estes descritores, "racismo" e "psicanálise", que a partir da busca dos silenciamentos apontados nesses textos, fazer uma costura expositiva, seja de um trabalho que traz aqueles que não aceitaram o silenciamento, que denunciam expressamente as violências racistas que vivenciam, eles e os seus. Essa nos parece uma maneira pela qual negros e negras tentaram lutar contra os silenciamentos e apagamentos que lhes foram delegados. Muitas músicas, danças, palavras inseridas no português, diversos aspectos da cultura, culinária, muitas são as maneiras que os africanos marcaram e marcam sua importância neste território. As tentativas de silenciamento nos acompanham pelos séculos, mas nunca calamos totalmente, tal qual o recalcado, a negritude, o racismo, suas potencialidades e questões comparecem pelas negativas, atos falhos, chistes, produções artísticas, por todos os meios onde este inconsciente marcado e "com cor" se faz aparecer.

A exposição realizada das pesquisas não substitui a importância de sua leitura integral, em especial devido à articulação com estas a partir do significante *silenciamento*, pois elas abordam as mais diversas questões relacionadas à temática do racismo, das relações raciais e seus atravessamentos no Brasil. Com a ressalva importante de indicação para leituras das mesmas, tanto para aqueles que se interessam pela temática quanto (e principalmente) para os que não conhecem essas articulações teóricas do racismo com a psicanálise no país.

É possível que pesquisas tenham escapado das buscas com seus descritores, recorte temporal e de localização geográfica (Brasil), mas aparentam ser um recorte significativo do objetivo deste trabalho. Seja devido a aparecerem poucas pesquisas ou ao fato de terem se intensificado mais recentemente, considerando que sua busca aconteceu no segundo semestre de 2021.

Interessante o quanto uma pesquisa bibliográfica demonstra sua importância quando reitera algo da experiência, apesar de não ser um estudo de caso ou não termos entrevistado pessoas e, como afirma Elia (1999), a associação livre e a transferência se dão com textos, neste caso, foi como se 26 entrevistas tivessem sido realizadas e muitas ou todas trouxessem algo também experienciado por esta pesquisadora.

Uma pesquisa bibliográfica se apresenta tão vívida quanto qualquer outra pesquisa, especialmente quando há transferência e escuta flutuante para sustentá-la. Pesquisar sobre racismo sempre traz textos que abordam sobre ancestralidade, nesse sentido, apresentar essas e esses pesquisadores nesse recorte temporal é apontar para os que vieram antes. Este livro só é possível porque muitas vieram antes.

7
CONSIDERAÇÕES FINAIS

Sobre o que podemos falar? Foi com esta questão que iniciamos a pesquisa. Parece que sobre racismo, em relação aos negros na articulação com a psicanálise, podemos falar muito pouco, afinal, em quarenta anos não chegamos a 30 pesquisas, foram 24 como resultado nos portais, com os descritores "racismo" e "psicanálise", acrescidas de mais duas, uma dissertação e uma tese que se tornaram livros, sendo incluídas devido ao fato de comporem o recorte proposto e da importância abissal de suas autoras para essa temática no Brasil.

O significante articulador desta pesquisa foi *silenciamento*, tomando tanto a proposição de Anastácia, trazida por Grada Kilomba (2019), com a máscara de ferro, instrumento de tortura utilizado nos tempos da escravização, que tinha o intuito de impedir os escravizados de comerem, mas também de se comunicarem. Ampliando aqui a reflexão, poderíamos dizer que o *Lugar de Fala* (RIBEIRO, 2019), de onde partimos, considerando lugar social, é um espaço histórico de violência, opressão e silêncio, por terem nos impedido de falar de nós, tanto literal quanto simbolicamente. O que aponta para o *Genocídio do Negro Brasileiro* (NASCIMENTO, 2016), indicado por Nascimento sobre a morte que se faz por extermínio real, mas também no plano simbólico e imaginário. Não existimos em certos espaços e assim também não falamos acerca de nossos sofrimentos. E para que *Tornar-se Negro* (SOUZA, 2021) seja possível, se faz imprescindível falar, falar muito até que se elabore essa *A Cor do Inconsciente* (NOGUEIRA, 2021), com suas significações sobre esse corpo negro.

Os trabalhos encontrados nesta pesquisa trazem um recorte capaz de fazer entender e exemplificar profundamente, tanto os textos base do livro quanto as experiências vivenciais que foram seu motor. As histórias, experiências se repetem com sujeitos e lugares diversos. O que corrobora acerca da ideia de Silvio Almeida (2019), isto é, um racismo que consta nas estruturas do estado brasileiro, do país e que são o evento "normal" em que estamos imersos.

Zélia Amador de Deus (2019), em citação no início do texto que diz que os negros e negras em diáspora africana chegaram na Academia para forjar espaços, criando para si a possibilidade para existirem também intelectualmente, ou como indica Lélia Gonzalez (2020), na epígrafe de "Racismo e sexismo na cultura brasileira", em que aponta que os brancos falavam dos negros como objeto de estudo, mas não os incluíam na roda lhes dando a possibilidade para falarem de si, pelo contrário, se aborreciam quando estes lhe mostravam as suas contradições. Todos aqueles que tentam subverter a lógica acadêmica da branquitude, inclusive na psicanálise, se deparam com esses atravessamentos sobre o que pode ou não ser dito.

Mas como foi dito por Amador de Deus, não andamos sós e nossas histórias e de nossos ancestrais estão marcadas em nossos corpos, no real de nossos corpos (tenhamos nós consciência disto ou não). Sendo assim, marcamos aqui, tanto pelas histórias pessoais, quanto pelas dos autores apresentados nos resultados desta pesquisa e de seus trabalhos quanto os intelectuais que constam como referencial teórico, o racismo à brasileira que atravessa a tudo e a todos, outrossim, à psicanálise em sua chegada deste lado do Atlântico, o silenciamento que foi feito literal, simbólica e imaginariamente, parece agora caminhar no sentido de fazer falar, de possibilitar que seja dito, de subverter ao discurso racista furando sua produção cruel e buscando sustentar que as elaborações sejam feitas para que este denegado possa estar, enfim, no caminho da elaboração, junto à emancipação do povo preto.

A experiência de pessoas pretas aparece neste trabalho através das pesquisas encontradas, o sofrimento que os perpassa fica demonstrado no trabalho dos pesquisadores. O que nos leva para o desdobramento sobre a relevância clínica da pesquisa bibliográfica. Sendo assim, importante apontar para o quão significativo é para aqueles que se colocam no lugar do que escuta os inconscientes, que estes são atravessados pelas questões raciais. O que se dará para cada um, é de os processos de subjetivação possíveis, singulares, mas se encontra na cultura brasileira, ou melhor, no mal-estar na cultura em nossas terras, na sociabilidade e no violento modelo civilizatório construídos nestes trópicos.

A racialização dos corpos ocorre desde o início do encontro entre os diferentes povos neste território, constituindo a escravização, desumanização e genocídio das nações originárias e das sequestradas, comercializadas e trazidas à força do continente africano. A atualização de tamanha violência ainda se debruça sobre corpos não brancos, marcando real, simbólica e imaginariamente os caminhos do gozo e as possibilidades dos destinos articulados das pulsões de vida e morte; destinos que, tal como foi possível observar na análise da produção acadêmica no campo da psicanálise das últimas décadas, indubitavelmente, envolvem processos de denegação. Um mecanismo que, como nos ensina Freud (1927), é diretamente vinculado à estrutura da perversão. O que nos indica o caminho de pensar o laço social brasileiro com traços perversos importantes, que passam pela reificação dos corpos não brancos, para sustentação falocêntrica de um gozo mortífero. Seria o nosso laço social estruturalmente perverso, ou tais importantes traços conduziriam a modelagens perversas (CALLIGARIS, 2022) como uma resposta que se articula ao circuito narcísico, reatualizado nas teleologias da prosperidade (BELLOC, 2021) do mal-estar no presente neoliberal? Silenciar por meio da denegação essas formas de produção do laço social brasileiro, que por definição são coletivas e, assim, perpassam também os psicanalistas, pode causar danos terríveis, tanto aos analisandos quanto à própria teoria psicanalítica.

Cabe ainda aprofundar uma metapsicologia do racismo à brasileira que tem marcadores importantes nos brilhantes trabalhos de autores e autoras como Isildinha Baptista Nogueira, Zélia Amador de Deus, Neuza Santos Souza, Frantz Fanon, entre outros, que neste estudo podemos contar para produzir nossas análises e considerações. Uma metapsicologia que indubitavelmente parte das contribuições destes autores, mas, sobretudo, da escuta do padecimento atual das pessoas pretas e das engrenagens estruturais desta máquina genocida perversamente denegada para seguir vigente e atuante tanto em grandes gestos macropolíticos quanto no pequeno gesto cotidiano, que se justificam e se legitimam mutuamente.

Para concluir, o trecho final de um poema que Audre Lorde (2020, p. 83), chamado "Uma litania pela sobrevivência" e que me acompanha desde o início do percurso nessa busca pela elaboração psicanalítica sobre o racismo e seus impedimentos em dizer sobre ele:

> e quando falamos nós temos medo
>
> de nossas palavras não serem ouvidas
>
> nem bem-vindas
>
> mas quando estamos em silêncio
>
> ainda estamos com medo.
>
> Então é melhor falar
>
> lembrando
>
> nunca estivemos destinadas a sobreviver.

E para que sigamos, não apenas sobrevivendo, mas vivendo e elaborando os sofrimentos impingidos pelo mal-estar da nossa cultura, falemos. Contudo, não apenas sobre aquilo que aqueles tidos como representantes do discurso do mestre nos autorizam dizer, falemos sobre o que nos causa questão, angústia e sobre o que não é dito, tudo aquilo que parece denegado socialmente. Desamordacemos Anastácia! Em uma perspectiva de psicanálise antirracista sempre!

POSFÁCIO

A pesquisa desenvolvida por Anna Carolina Fonseca de Melo, nos fala do silenciamento e apagamento das produções psicanalíticas levadas a termo por psicanalistas negras no Brasil.

O fato é que esse apagamento, esteve e ainda permanece apesar dos esforços e lutas para conscientização e responsabilização por um passado sócio histórico que desabonou o negro racialmente e o aprisionou num eterno devir escravo.

A "Abolição da escravidão" não libertou os negros da condição de escravos, que há décadas permanecem cativos aleijados da igualdade distributiva como cidadãos.

A liberdade, parafraseando Achille Mbembe na *Crítica da Razão Negra*, não nos permite compartilhar direitos, prazeres, trabalho, dores e muito menos a morte. Podemos ser assassinados aos olhos da lei sem que seja de fato um crime, que permanecerá sem reparação possível num acordo cordial perverso. A morte dos negros não importa.

A escravidão vergou-lhe o corpo e a alma, o cativeiro o brutalizou, desonrou e desconstruiu sua raça, tirou-lhe a noção de pertencimento a uma nação. A África se torna uma lembrança distante, da qual ele deve esquecer, assim como sua religião, a língua dos seus pais e a sua cultura.

Sua língua não permite sua inserção numa sociedade que o vê como semi-humano, o negro escravizado é a representação da degeneração física e mental, um ser abjeto, o que justificou até aqui toda violência praticada contra ele e o torna depositário do que não cabe na fantasia de superioridade da raça branca.

A lembrança desse passado sócio-histórico o desabona racialmente e o aprisiona num corpo negro, excluindo-o de um lugar, numa cultura que o elegeu como serviu e depositário de todas as mazelas, que justificam sua exclusão.

Aprisionado psiquicamente nesse lugar e tendo o aval da "ciência" a testar "sua inumanidade", o negro é excluído dos cuidados que cabem aos seres humanos.

O pensamento "científico", desde sempre tem sido marcado pelas ideias racistas, que mantem os privilégios e o lugar dos brancos, enquanto humanos. A medicina a psicologia e a psicanálise, e outras áreas de conhecimento se dedicam a cuidar e aplacar o sofrimento humano, no entanto não se dispõem a pensar os resultados perversos do racismo, na saúde física e psíquica dos negros.

Muito menos a levar em consideração a produção de conhecimento feita por negros, que na comunidade científica são vistos como exceção, e dessa forma se ignora a capacidade do negro de pensar, quem dirá produzir conhecimento.

Ao analisar a produção psicanalítica de autoras negras que articulam racismo e psicanálise, a pesquisadora expõem a denegação e silenciamentos que estruturam

uma sociedade racista que exclui aqueles que não reconhecem narcisicamente enquanto brancos no afã de manterem uma identidade sempre colocada como superior aos negros.

Essa pesquisa é parte dos esforços que denunciam o "amordaçamento" que não nos permite denunciar as perversas consequências do racismo nos propondo um "desamordaçamento".

Virginia Leone Bicudo, primeira mulher e negra a ser analisada no Brasil é uma das fundadoras da sociedade de psicanálise, entendia que a psicanálise a ajudaria entender o sofrimento que o racismo lhe causava, foi uma analista de sucesso, publicou sua dissertação de mestrado *Estudos de atitudes raciais, de pretos e mulatos em São Paulo*.

Esse trabalho não mereceu o interesse que ela imaginava, muito pelo contrário foi muito criticado. Virginia seguiu sendo uma psicanalista de sucesso, mas silenciou em relação esta questão.

Nos conta uma pesquisadora da Universidade de São Paulo, no seu excelente trabalho sobre Virginia Bicudo[6], que quando ela

---

6   GOMES, Janaina Damaceno. *Os segredos de Verginia:* Estudos de Atitudes Raciais em São Paulo (1945-1955). Tese defendida na Universidade de São Paulo Faculdade de Filosofia, Letras e Ciências Humanas Departamento de Antrologia Programa de Pós-gradução em Antropologia Social São Paulo 2013.

morreu, na sua mesa de trabalho estava o livro de *Relações Raciais de Negros e Brancos em São Paulo*.

Assim temos diversos trabalhos, feitos por psicanalistas negras como de Lélia Gonzales, Neusa Santos Souza e outros trabalhos de fundamental importância para entendermos como se dá o nascimento e a constituição do sujeito negro, de pensar o corpo negro como um signo que nos fala e traduz todo o sofrimento que o racismo tem causado, e silenciar esse entendimento é parte de uma necropolítica que se faz presente ao longo da história da humanidade.

As escolas de psicanalise, as universidades nas quais se transmitem conhecimento e formam profissionais, compactuam com esse silenciamento à medida que não propõem estudos e textos dos autores negros e, até recentemente, silenciavam acerca do "racismo" e suas consequências psíquicas na constituição do sujeito negro. Esta não era uma questão importante... bastavam as visões antropológicas, históricas e sociológicas como registro da história desse país.

Para as sociedades e escolas de formação em psicanálise, cabe a inclusão dessa reflexão acerca do exercício de uma psicanálise que se dá através de analistas na sua maioria branca e uma minoria negra, que são produtos das estruturas de poder, exercidas exclusivamente por brancos.

Cabe aos analistas brancos e negros pensarem seus lugares e condições enquanto seres racializados que se constituíram numa sociedade estruturalmente racista, da qual não escapamos.

Sigmund Freud, o fundador da psicanálise, tinha uma postura muito aberta em relação ao conhecimento produzido por ele dando-nos a entender que a psicanálise era um conhecimento dinâmico, que se atualizava e dizia: "hoje penso assim, amanhã outros pensaram diferente". São muitas as "psicanálises" praticadas nos consultórios, porém sempre sobre a perspectiva de quem a pratica. Cabe a quem a pratica pensar: "que racista sou eu", e se desconstruir desse lugar, que condena o "outro" ao lugar do apagamento e silenciamento.

Que esse trabalho, levado a termo com louvor por Anna Carolina, permita as sociedades, as instituições de ensino e exercício da psicanalise, servir de alerta para o desamordaçamento e o reconhecimento da produção das pesquisadoras estudiosas negras, que possam ter o mesmo lugar e espaço da produção de conhecimento dos brancos como um conhecimento que transcenda e desestruture essa sociedade racista, num eterno devir conhecer humano que contemple todas as diferenças.

Isildinha Baptista Nogueira

Doutora em Psicologia Escolar e Desenvolvimento Humano pela Universidade de São Paulo. Fez sua formação nos Ateliers de sua Psychanalise, em Paris, com Radmila Zygouris uma das fundadoras da instituição, atualmente é professora Instituto Sedes Sapientae no departamento de Psicanálise.

REFERÊNCIAS

ALARCAO, Gustavo Gil. Escravização, preconceitos e psicanálise. *Jornal de Psicanálise*, São Paulo, v. 52, n. 97, p. 227-240, dez. 2019.

ALMEIDA, Silvio Luiz de. *Racismo estrutural*. São Paulo: Sueli Carneiro; Pólen, 2019.

AMADOR DE DEUS, Zélia. *Ananse tecendo teias na diáspora*: uma narrativa de resistência e luta das herdeiras e dos herdeiros de Ananse. Belém: Secult/PA, 2019.

AMADOR DE DEUS, Zélia. *Caminhos trilhados na luta antirracista*. Belo Horizonte: Autêntica, 2020.

AMENDOEIRA, Paola. Olhares negros nos importam: o paradigma Virgínia Leone Bicudo. *Revista Brasileira de Psicanálise*, São Paulo, v. 54, n. 2, p. 240-249, jun. 2020.

ARREGUY, Marilia Etienne; MONTES, Fernanda Ferreira. Ferenczi e a educação: desconstruindo a violência desmentida. *Estilos da Clínica*, São Paulo, v. 24, n. 2, p. 246-261, ago. 2019.

BARRETO, Robenilson; CECCARELLI, Paulo Roberto. Considerações psicanalíticas sobre preconceito racial: um estudo de caso. *Estudos de Psicanálise*, Belo Horizonte, n. 50, p. 145-154, dez. 2018.

BELLOC, Márcio Mariath. *Homem-sem-história:* a narrativa como criação de cidadania. Márcio Mariath Belloc; Prefácio de Dolors Odena e Angel Martínez-Hernáez. Porto Alegre: Rede Unida, 2021. 168 p. (Série Saúde Mental Coletiva). E-book: 5 Mb; PDF.

BENEDITO, Maiara de Souza; FERNANDES, Maria Inês Assumpção. Psicologia e Racismo: as Heranças da Clínica Psicológica. *Psicologia: Ciência e Profissão*, [s. l.], v. 40, n. especial, p. 1-16, 2020. Disponível em: https://www.scielo.br/j/pcp/i/2020.v40nspe/. Acesso em: 5 jan. 2024.

BICUDO, Virgínia Leone. *Atitudes raciais de pretos e mulatos em São Paulo*. Marcos Chor Maio (org.). São Paulo: Editora Sociologia e Política, 2010.

BRAGA, Ana Paula Musatti. *Os muitos nomes de Silvana*: contribuições clínico-políticas da psicanálise sobre mulheres negras. Tese (Doutorado em Psicologia Clínica) — Instituto de Psicologia, Universidade de São Paulo, São Paulo, 2015.

BRAGA, Ana Paula Musatti; ROSA, Miriam Debieux. Escutando os subterrâneos da cultura: racismo e suspeição em uma comunidade escolar. *Psicologia em Estudo*, v. 23, p. 1-16, 2018.

BRASIL. *Lei n.º 14.532*, de 11 de janeiro de 2023. Disponível em: https://normas.leg.br/?urn=urn:lex:br:federal:lei:2023-01-11;14532. Acesso em: 7 fev. 2023.

BRASIL. *Hino da Proclamação da República*. Disponível em: https://www.gov.br/funarte/pt-br/areas-artisticas/musica-2/serie-hinos-do-brasil/hino-da-proclamacao-da-republica/1-hino-da-proclamacao-partitura.pdf. Acesso em: 13 fev. 2023.

CALLIGARIS, Contardo. *O grupo e o mal*: estudo sobre a perversão social. São Paulo: Fósforo, 2022.

CERRUTI, Marta Quaglia. Sobrevivendo no inferno: narrar a vida para fazer algo. *Estilos da Clínica*, v. 25, n. 1, p. 35-47, 2020.

COELHO, Daniel Menezes; SANTOS, Marcus Vinicius Oliveira. Apontamentos sobre o método em psicanálise. *Analytica*, São João del-Rei, v. 1, n. 1, p. 90-105, jul./dez. 2012.

COSTA, Carlos Alberto Ribeiro *et al.* Racismo e necropolítica: um debate entre teoria social e psicanálise. *Arquivos Brasileiros de Psicologia*, Rio de Janeiro, v. 72, n. especial, p. 139-155, 2020.

COSTA, Eliane Silvia. Racismo como metaenquadre. *Revista do Instituto de Estudos Brasileiros*, n. 62, p. 146-163, dez. 2015.

COSTA, Eliane Silvia. *Racismo, política pública e modos de subjetivação em um quilombo do Vale do Ribeira*. 2012. Tese (Doutorado em Psicologia Social) – Instituto de Psicologia, Universidade de São Paulo, São Paulo, 2012.

DRAWIN, Carlos; MOREIRA, Jacqueline. A Verleugnung em Freud: análise textual e considerações hermenêuticas. *Psicologia USP*, [s. l.], v. 29, n. 1, p. 87-95, 2018.

DUFOUR, Dany-Robert. *A cidade perversa* [recurso eletrônico]: liberalismo e pornografia. Tradução de Clóvis Marques. Rio de Janeiro: Civilização Brasileira, 2013.

ELIA, Luciano. A Transferência na Pesquisa em Psicanálise: Lugar ou Excesso? *Psicologia:* Reflexão e Crítica [on-line], v. 12, n. 3, Porto Alegre, 1999. Disponível em: https://doi.org/10.1590/S0102-79721999000300015. Acesso em: 24 abr. 2021.

FANON, Frantz. *Pele negra, máscaras brancas*. Tradução de Renato da Silveira. Salvador: EDUFBA, 2008.

FAUSTINO, Deivison. O mal-estar colonial: racismo e o sofrimento psíquico no Brasil. *Clínica & Cultura*, São Cristovão, v. 8, n. 2, p. 82-94, jul./dez. 2019.

FRAUSINO, Carlos Cesar Marques. Um olhar sobre Virgínia Leone Bicudo. *Revista Brasileira de Psicanálise*, São Paulo, v. 54, n. 3, p. 226-236, set. 2020.

FREUD, Sigmund. *O infamiliar/ Das Unheimliche*. Tradução de Ernani Chaves e Pedro H. Tavares. Belo Horizonte: Autêntica Editora, 2019.

FREUD, Sigmund. *O mal-estar na civilização* (1930). Edição Standard Brasileira das Obras Completas de Sigmund Freud. Rio de Janeiro: Imago, 1996.

FREUD, Sigmund. *Fetichismo* (1927). Neurose, Psicose, Perversão. Obras Incompletas de Sigmund Freud. Belo Horizonte: Autêntica, 2020.

GENOCÍDIO. *In:* Webster's Third New Internacional Dictionary of the English Language. Springfield: G&C Merriam, 1967.

GENOCÍDIO. *In*: Dicionário Escolar do Professor. BUENO, Francisco da Silveira (org.). Brasília: Ministério da Educação e Cultura, 1963.

GIL, Antonio Carlos. *Como elaborar projetos de pesquisa*. 4. ed. São Paulo: Atlas, 2002.

GOMES, Laurentino. *Escravidão:* do primeiro leilão de cativos em Portugal à morte de Zumbi dos Palmares. Rio de Janeiro: Globo Livros, 2019.

GONZALEZ, Lélia. *Por um feminismo afro-latino-americano*: ensaios, intervenções e diálogos. RIOS, Flávia; LIMA, Márcia (org.). Rio de Janeiro: Zahar, 2020.

GUIMARÃES, Marco Antonio Chagas; PODKAMENI, Angela Baraf. A rede de sustentação coletiva, espaço potencial e resgate identitário: projeto mãe-criadeira. *Saúde e sociedade*, São Paulo, v. 17, n. 1, p. 117-130, 2008.

KILOMBA, Grada. *Memórias da plantação* – Episódios de racismo cotidiano. Tradução: Jess Oliveira. Rio de Janeiro: Cobogó, 2019.

KON, Noemi Moritz; SILVA, Maria Lúcia da; ABUD, Cristiane Curi (org.). *O racismo e o negro no Brasil*: questões para a psicanálise. São Paulo: Perspectiva, 2017.

LACAN, Jacques. *Outros escritos/* Jacques Lacan. Tradução de Vera Ribeiro. Versão final de Angelina Harari e Marcus André Vieira. Preparação do texto André Telles. Rio de Janeiro: Zahar, 2003.

LEAL DE BARROS, Mariana. "Não somos racistas": uma contrarreação calcada em "a negativa" freudiana. *Psicologia Argumento*, Curitiba, v. 32, n. 77, p. 121-128, abr./jun. 2014.

LORDE, Audre. *A unicórnia preta*. Título original: *The Black Unicorn;* tradução de Stephanie Borges; prefácio de Jess Oliveira. Belo Horizonte: Relicário Edições, 2020.

MARTINS, Paloma Afonso; CARRIJO, Christiane. "A Violência Doméstica e Racismo Contra Mulheres Negras". *Revista Estudos Feministas*, Florianópolis, v. 28, n. 2, 2020.

MELO, Anna Carolina Fonseca de; CORRÊA, Hevellyn Ciely da Silva. O não falar sobre o racismo: uma perspectiva psicanalítica. TRIEB / *Sociedade Brasileira de Psicanálise do Rio de Janeiro – SBPRJ*. Rio de Janeiro, v. 20, n. 1, p. 113-126, 2021.

MENEZES, Daniele; NASCIMENTO, Jefferson; SCHECHTER, Rosa; FALBO, Giselle; VIDAL, Paulo. Das impossibilidades do racismo etnosemântico à fala como saída. *Arquivos Brasileiros de Psicologia,* Rio de Janeiro, v. 72, n. especial, p. 124-138, 2020.

MIRANDA, Maria Aparecida. *A beleza negra na subjetividade das meninas "um caminho para as Mariazinhas"*: considerações psicanalíticas. 2004. Dissertação (Mestrado em Psicologia) — Universidade de São Paulo, São Paulo, 2004.

MORETZSOHN, Maria Ângela Gomes. Uma história brasileira. *Jornal de Psicanálise*, São Paulo, v. 46, n. 85, p. 209-229, jun. 2013.

MUNANGA, Kabengele. *Rediscutindo a Mestiçagem no Brasil* – identidade nacional versus identidade negra. 5. ed. rev. amp. Belo Horizonte: Autêntica Editora, 2019.

NASCIMENTO, Abdias. *O genocídio do negro brasileiro*: processo de um racismo mascarado. 3. ed. São Paulo: Perspectivas, 2016.

NASCIMENTO, Elisa. Posfácio: O Genocídio no Terceiro Milênio. *In:* NASCIMENTO, Abdias. *O genocídio do negro brasileiro:* processo de um racismo mascarado. 3. ed. São Paulo: Perspectivas, 2016.

NASCIMENTO, Elisa Larkin; GÁ, Luiz Carlos (org.). *Adinkra:* sabedoria em símbolos africanos. Rio de Janeiro: Cobogó: Ipeafro, 2022.

NOGUEIRA, Isildinha Baptista. *Significações do Corpo Negro.* Tese (Doutorado em Psicologia) — Universidade de São Paulo (USP), São Paulo, 1998.

NOGUEIRA, Isildinha Baptista. *A Cor do Inconsciente*: significações do corpo negro. São Paulo: Perspectiva, 2021.

OLIVEIRA, C. Lucia Montechi Valladares de Oliveira. Os primeiros tempos da psicanálise no Brasil e as teses pansexualistas na educação. *Agora.* v. 5, n. 1, p. 133-154, 2002.

OLIVEIRA, Regina Marques de Souza. Cheiro de alfazema: Neusa Souza, Virgínia e racismo na psicologia. *Arquivos Brasileiros de Psicologia*, Rio de Janeiro, v. 72, n. especial, p. 48-65, 2020.

REIS FILHO, José Tiago dos. *Negritude e sofrimento psíquico*: uma leitura psicanalítica. 2005. 142 f. Tese (Doutorado em Psicologia) — Pontifícia Universidade Católica de São Paulo, São Paulo, 2005.

RIBEIRO, Djamila. *Lugar de fala*. 3. ed. São Paulo: Sueli Carneiro; Pólen, 2019.

RODRIGUES, Nelson. *In:* NASCIMENTO, Abdias (org.). *Teatro experimental do negro*: Testemunhos. Rio de Janeiro: GRD, 1966.

ROSA, Miriam Debieux; BINKOWSKI, Gabriel Inticher; SOUZA, Priscilla Santos de. Tornar-se mulher negra: uma face pública e coletiva do luto. *Clínica & Cultura*, São Cristovão, v. 8, n. 1, p. 86-100, jun. 2019.

SALES, Jôse. *Racismo no brasil:* um olhar psicanalítico. Rio de Janeiro: Autografia, 2019.

SILVA, Maria Lúcia da. Racismo no Brasil: questões para psicanalistas brasileiros. *In:* KON, Noemi Moritz; SILVA, Maria Lúcia da; ABUD, Cristiane Curi (org.). *O racismo e o negro no Brasil*: questões para a psicanálise. São Paulo: Perspectiva, 2017.

SIRELLI, Nilda Martins; MAURANO, Denise. Função e campo do recalque e do luto no contexto da cultura: reflexões sobre o racismo, o banzo e o blues. *Revista Ágora* (Estudos em Teoria Psicanalítica), Rio de Janeiro, v. XXI, n. 2, p. 158-168, maio/ago. 2018.

SOUZA, Jessé. *A elite do atraso*. Rio de Janeiro: Estação Brasil, 2019.

SOUZA, Neusa Santos. *Tornar-se negro*: as vicissitudes da identidade do negro brasileiro em ascensão social. Rio de Janeiro: Edições Graal, 1983.

SOUZA, Neusa Santos. *Tornar-se negro*: as vicissitudes da identidade do negro brasileiro em ascensão social/ Neusa Santos Souza; prefácios de Maria Lúcia da Silva e Jurandir Freire Costa. Rio de Janeiro: Zahar, 2021.

TEPERMAN, Maria Helena Indig; KNOPF, Sonia. Virgínia Bicudo: uma história da psicanálise brasileira. *Jornal de Psicanálise*, São Paulo, v. 44, n. 80, p. 65-77, jun. 2011.

VANNUCHI, Maria Beatriz Costa Carvalho. A violência nossa de cada dia: o racismo à brasileira. *In:* KON, Noemi Moritz; SILVA, Maria Lúcia da; ABUD, Cristiane Curi (org.). *O racismo e o negro no Brasil*: questões para a psicanálise. São Paulo: Perspectiva, 2017.